中国话语体系建设丛书

丛书主编　沈壮海

▼ 刘春阳　著

中国现代美学话语体系建构研究

WUHAN UNIVERSITY PRESS
武汉大学出版社

图书在版编目(CIP)数据

中国现代美学话语体系建构研究/刘春阳著.—武汉:武汉大学出版社,2024.12
中国话语体系建设丛书/沈壮海主编
国家出版基金项目
ISBN 978-7-307-24414-6

Ⅰ.中⋯ Ⅱ.刘⋯ Ⅲ.美学—研究—中国—现代 Ⅳ.B83-092

中国国家版本馆 CIP 数据核字(2024)第 109255 号

责任编辑:聂勇军 责任校对:汪欣怡 版式设计:马 佳

出版发行:**武汉大学出版社** (430072 武昌 珞珈山)
(电子邮箱:cbs22@whu.edu.cn 网址:www.wdp.com.cn)
印刷:湖北恒泰印务有限公司
开本:720×1000 1/16 印张:12.75 字数:207 千字 插页:2
版次:2024 年 12 月第 1 版 2024 年 12 月第 1 次印刷
ISBN 978-7-307-24414-6 定价:78.00 元

"中国话语体系建设丛书"编委会

作者简介

刘春阳，武汉大学文学院教授、博士生导师，文艺学教研室主任。研究领域为美学理论、西方中世纪美学、艺术理论等。

2010年毕业于北京大学哲学系美学专业，获哲学博士学位，同年就职于武汉大学，其中，2013—2016年、2017—2019年两次入选武汉大学"351人才计划"，被聘为"珞珈青年学者"。2014年3月至2015年2月任教于韩国岭南大学中国语言文化学部。

在《文艺研究》《文艺争鸣》等期刊发表论文40余篇；出版专著2部，合著3部；主持国家社科基金、教育部人文社科规划基金等多项课题。

目　录

绪　　论

一、问题的提出

2016 年 5 月 17 日，习近平总书记在北京主持召开了哲学社会科学工作座谈会并发表了重要讲话。在讲话中，习近平指出，我国是哲学社会科学大国，研究队伍、论文数量、政府投入等在世界上都排在前列，但在学术命题、学术思想、学术观点、学术标准、学术话语上的能力和水平同我国综合国力和国际地位还不太相称，因此，构建中国特色哲学社会科学的任务刻不容缓。而发挥我国哲学社会科学作用，"要注意加强话语体系建设。在解读中国实践、构建中国理论上，我们应该最有发言权，但实际上我国哲学社会科学在国际上的声音还比较小，还处于有理说不出、说了传不开的境地。要善于提炼标识性概念，打造易于为国际社会所理解和接受的新概念、新范畴、新表述，引导国际学术界展开研究和讨论。这项工作要从学科建设做起，每个学科都要构建成体系的学科理论和概念"①。学术话语体系建设之所以越来越受到官方的高度关注，是因为学术话语体系不仅关涉学术界内部的研究质量、研究风格和实力等因素，还关涉国家层面在整个国际上的学术话语权，影响着学术的再生产。② 事实上，自 20 世纪 90 年代起，学术界自身也在不断倡导并实践学术规范化，并提出了学术本土化的要

---

① 习近平：《在哲学社会科学工作座谈会上的讲话》，《人民日报》2016 年 5 月 19 日。
② 沈壮海等：《学术话语体系建设的理与路——一项分科的研究》，北京：人民出版社 2019 年版，（序言）第 1 页。

求。从学术界和官方的这种共同的倾向上看，都说明了一个重要问题，即"宣示哲学社会科学研究和表达中的中国主体性，并强调哲学社会科学为中国的主体性服务"①。

美学作为人文社会科学的一个门类，与其他学科一样，存在着同样的问题和困境。众所周知，美学这一概念由德国理性主义哲学家鲍姆嘉通于 1735 年首次提出，他根据希腊语"感觉"这个词的词根创造出 Aesthetica 这个词用来指感性学，即研究人的感性认识和感性活动的科学。Aesthetica（拉丁文写法，英文通常写为 Aesthetics）的出现，标志着美学这门学科第一次有了自己的名字。就像朱光潜所说的，在鲍姆嘉通以前，欧洲只有"美学思想"，而只有到了鲍姆嘉通，才出现了美学，② 鲍姆嘉通也由此而被称为"美学之父"。后经由康德、黑格尔、谢林等德国古典哲学家或美学家的建构，Aesthetica 才成为哲学这个大的学科门类之下一个体系完备的重要分支学科。但我们也必须意识到，美学之所以能够成为一门学科，实际上也是 18 世纪以来世界范围内的学科知识系统分化、建构的结果。中国传统文化中虽然有源远流长、丰富深厚的美学思想，但"美"这个概念在中国文化中，"并不是中心范畴，也不是最高层次的范畴。'美'这个范畴在中国古典美学中的地位远不如在西方美学中那么重要"③。古典的美学思想多集中于诗论、书论、画论、文论等文艺批评之中，因此，在这样的学术脉络中，也就没有形成现代学科形态意义上的美学。

学术界比较普遍的看法是，在建立中国美学学科形态的过程中，王国维所作的贡献最大。④ 而事实上，据历史学家黄兴涛考证，⑤ 早在 19 世纪 60 年代，英

---

① 刘伟：《话语重构与我国政治学研究的转型》，《复旦学报》（社会科学版）2018 年第 3 期。

② 朱光潜：《朱光潜全集》第 5 卷，合肥：安徽教育出版社 1989 年版，第 354 页。

③ 叶朗：《中国美学史大纲》，上海：上海人民出版社 1985 年版，第 3 页。

④ 比如聂振斌先生在其影响较大的《中国近代美学思想史》中认为，不仅仅是"美学"的概念，"美育""审美"等也都是由王国维第一次引进的，所以他对王国维的总体评价是："王国维的美学思想是中国美学理论从自发状态走向自觉的标志，从此中国人开始自觉地建设美学学科的独立体系。"其观点很能代表当前学术界对于王国维的看法。具体可参见聂振斌：《中国近代美学思想史》，北京：中国社会科学出版社 1991 年版，第 55~56 页。

⑤ 以下考证参见黄兴涛：《"美学"一词及西方美学在中国的最早传播》，《文史知识》2000 年第 1 期。

国来华传教士罗存德（Wilhelm Lobscheid）在其所编的《英华字典》（1866 年）中，就将 Aesthetics 一词译为"佳美之理"和"审美之理"。德国来华著名传教士花之安（Ernst Faber）在 1873 年所著的《大德国学校论略》中介绍西方的"智学"课程时，也谈到了美学相关内容，他介绍说，西方的美学课程是"释美之所在"，主要论述山海之美、各国宫室之美、雕琢之美、绘事之美、乐奏之美、词赋之美以及曲文之美。1875 年，花之安又写了《教化议》一书，提出了一个颇具现代性的观点：要起到救时之用，必须在经学、文字、格物、地舆以及丹青音乐上发力。在这里，花之安将丹青、音乐归为一类，并认为它们能救时弊，这非常符合现代美学中的"审美救世"观念。1897 年，康有为编辑出版的《日本书目志》中，出现过"美学"一词；1900 年，沈翊清在福州出版《东游日记》，也提到日本师范学校开设"美学"与"审美学"课程之事；1901 年，京师大学堂编辑出版《日本东京大学规制考略》一书，在介绍日本文科课程时，更是多次使用具有现代意义的"美学"概念；同年 10 月，留日学生监督夏偕复写的《学校刍议》一文中也使用了"美学"一词，如此等等。到了 1902 年，王国维在翻译日本学者牧濑五一郎的《教育学教科书》和桑木严翼的《哲学概论》两本著作时，正式使用了"美学""美感""审美""美育""优美"和"壮美"等现代美学基本词，同是 1902 年，在一篇题为《哲学小辞典》的译文中，王国维介绍了"美学"的简单定义："美学者，论事物之美之原理也"，并译 Aesthetics 为"美学""审美学"，由此，在中国建立学科性美学的号角已经吹响。

从这个意义上，也可以说作为学科性的美学在中国的创立是"援西入中"的结果，其在中国的发展也不过百余年的历史。既然是舶来品，它就有一个适应新环境、与本土文化相融合并最终完成"本土化"的过程，也就是高建平所说的从"美学在中国"（Aesthetics in China）到"中国的美学"（Chinese Aesthetics）的过程。①高建平进一步指出，这个过程经历了"四步走"：第一步，引进学科的体系和观念；第二步，结合中国人自身的实践来消化和融合；第三步，反思自身的传统，从传统中汲取资源；第四步，建立有自身特色的理论。即"先引进模式、学习方

---

①　关于"美学在中国"与"中国的美学"的区别，可参见高建平：《全球化背景下的中国美学》，《国际美学年鉴》2004 年第 8 卷。

法，形成初步成果，再结合中国实际加以改进，最终形成既是中国的同时具有世界意义的原创性成果"①。百余年来，众多美学家为建构既具有中国民族特色又与现代世界对话的现代美学话语体系而殚精竭虑，提出了很多原创性的概念、术语、范畴和理论命题。同样，中国美学在从传统话语形态向现代话语形态的转变过程中，从概念范畴体系到研究方法，也都经历了很大的变化。面对中西方美学学科史、学术史建构中的问题，以及中国人自身的艺术实践、审美经验还不能有效运用自己的话语体系进行独立系统研究的实际情况，构建中国美学话语体系既必要又急需。然而，建构中国特色的美学话语体系，并不是一蹴而就的事情，目前最需要做的是对百年来中国现代美学话语体系建构历程进行梳理和反思。

有鉴于此，本书所论及的内容就具有以下几个方面的意义和价值：

首先，有利于在历史发展进程中把握中国现代美学话语体系建构的内在逻辑线索。中国美学在从传统话语形态向现代话语形态转变的过程中，从概念范畴体系到研究方法，都经历了很大的变化。本书试图揭示出这种变化，并发现美学学科进入中国这一百多年来，学者们在建构既是中国的又是现代的美学话语体系道路上的基本精神、理论特性和总体风貌。

其次，能够为当下建构有中国特色的美学话语体系提供智识基础。面对中西方美学学科史、学术史建构中的问题，以及中国人自身的艺术实践、审美经验还不能有效运用自己的话语体系进行独立系统研究的实际情况，构建具有民族特色的中国美学话语体系迫在眉睫。反思百年来建构中国现代美学话语体系的方法、特性、规律，考辨中国现代美学话语体系建构的得失，能为建构具有中国特色、中国风格、中国气派的美学学术话语体系提供历史经验。

最后，有助于沟通美学话语的中国形态与西方形态。在梳理中国现代美学话语体系建构历史的过程中，本书重点考察美学家们所使用的核心概念、基本原理、方法体系，分析其所依凭的本土资源与外来经验，将美学家们所建构的话语体系，与西方美学话语体系互鉴互证，并以此为契机，确立建构当代中国美学话语体系的立足点，从而获得与异域文化平等交流的话语权。

---

① 高建平：《"美学在中国"与"中国美学"的区别》，《中国社会科学报》2021 年 10 月 20 日。

二、文献基础

美学学科进入中国这一百多年来，是中国美学学科发展史上最重要的历史时期，对于中国现代美学话语体系的建构来说，是一个试验、转型、发展、深化、反思的过程。一百多年来，众多学者在美学这块园地里深耕，产生了很多具有原创性的理论，建构起了好几种具有代表性的话语体系。本书意在从学术史层面梳理、阐释、反思这一历程，进而提出建构新时代中国美学话语体系的路径。有鉴于此，与之相关的研究成果主要包括两个方面：学术史层面对百年来中国现代美学历史的反思、整理，以及具有现实意义的中国美学话语体系建设过程。

咱们先从学术史层面对百年来中国现代美学话语体系建构历程进行反思和整理。20 世纪 80 年代末，就有学者开始自觉地对 20 世纪中国美学的学术史进行系统研究。40 多年来，积累了大量研究成果，粗略可分为两种类型：

第一种类型是将 20 世纪中国美学作为具有普遍联系的整体进行研究。较早的研究，如邓牛顿的《中国现代美学思想史》①对辛亥革命至新中国成立这几十年间，中国美学的发展历程作了系统阐释。在作者看来，中国现代美学，其历史范畴是从辛亥革命到 1949 年中华人民共和国成立，它起始于西方思想的介绍，以后发展到马克思主义的传播，然后才提出学科建设的民族化问题。但是，在美学学科化建设过程中，没有把中华民族古典美学思想遗产的整理研究放到应有的地位，这是一个不容隐瞒与忽视的弱点。因此，研究现代美学思想史，不能局限于对少数美学理论家与美学专著的评述，许多政治家、思想家、文学艺术家都以他们的美学思想和实践活动，影响了全社会，他们的美学思想也应该纳入现代美学的研究范围之内。但另外一些研究，如聂振斌在《中国近代美学思想史》②中指出，美学史是研究美学理论(或思想)的发展史，主要应该以美学家及其著作为线索，撰述 20 世纪美学思想史。阎国忠的《走出古典：中国当代美学论争述评》③将美学论争中的核心问题作为研究对象，展示了中国当代美学走出古典，

---

①　邓牛顿：《中国现代美学思想史》，上海：上海文艺出版社 1988 年版。

②　聂振斌：《中国近代美学思想史》，北京：中国社会科学出版社 1991 年版。

③　阎国忠：《走出古典：中国当代美学论争述评》，合肥：安徽教育出版社 1996 年版。

跨向现代，迈向新世纪的探索历程。封孝伦的《二十世纪中国美学》①描述、阐释了百年来中国美学的理论成果和发展线索，并对产生这些成果的审美创造及促进或制约这些审美创造的社会基础进行了考察。高建平主编的四卷本《20 世纪中国美学史》②，将美学进入中国之后的一百年划分为四个时期：第一卷时间跨度为 20 世纪初到五四运动前后，研究的主题是"现代中国美学的开端"，介绍美学作为一门现代学科如何被引入中国，并在中国形成第一批研究成果的情况。第二卷从 20 世纪 20 年代到 1949 年，主题是"现代中国美学的论争与建构"，其中包含三个主要线索，其一是中国对欧美主流美学的接受及结合中国实际所进行的自主创新；其二是"艺术与人生"的审美观及其发展；其三是马克思主义美学的中国化及其发展，并专辟章节讨论毛泽东《在延安文艺座谈会上的讲话》在美学上的影响。第三卷从 20 世纪 50 年代至 70 年代，主要探讨"文革"后期中国美学所经历的种种复杂情况，其中包括中华人民共和国成立后文化界出现的几次文学批判运动的历史原因与发展状况、"美学大讨论"的文化与意识形态成因、"左倾"文艺思潮的基本状况等。第四卷从 1978 年"美学热"的兴起，到世纪末美学的复兴，涵盖了改革开放与美学在思想意识形态变革中所起的作用，美学的翻译运动推动了人文社会科学的革新，中国古代美学研究的兴起及其对"中国性"寻找和继承的意义，美学的复兴及其相伴的人文社会科学和文学艺术理论的复兴等七个方面的内容。该套书以史带论，全面而系统地描述和研究了百年来的中国美学史，把时间的区隔与主题的分野结合起来，共 150 万字，是研究 20 世纪中国美学史的一套鸿篇巨制。

　　第二种类型是以问题或个案研究的形式，呈现百年来中国美学的历史进程。汝信和王德胜主编的《美学的历史：20 世纪中国美学学术进程》③强调从"思想的整体性"和"文化的联系性"出发，把握 20 世纪中国美学史，并致力于以学术史研究的立场来讨论 20 世纪中国美学的各种现象和问题，以学术史所倚重

---

① 封孝伦：《二十世纪中国美学》，长春：东北师范大学出版社 1997 年版。
② 高建平主编：《20 世纪中国美学史》（四卷本），南京：江苏凤凰教育出版社 2022 年版。
③ 汝信、王德胜主编：《美学的历史：20 世纪中国美学学术进程》，合肥：安徽教育出版社 2000 年版。

的知识价值特性与知识含量增长来反顾百年来中国美学的意义；章启群的《百年中国美学史略》①以当下中国美学研究现状作为批判与反思的立足点，试图从中寻找中国学术传统的内在惯性和理论，为 21 世纪的中国美学建设提供了一种历史的参照；陈望衡的《20 世纪中国美学本体论问题》②主要从情感本体论、生命本体论、社会功利本体论、自然典型本体论、实践本体论等层面讨论了 20 世纪中国美学的本体论问题；尤西林的《心体与时间：二十世纪中国美学与现代性》③重点考察了 20 世纪中国美学与现代性之间的关联，涉及审美时尚在当代中国转型期的政治哲学涵义、风格与人格的现代性关系等 11 个问题；祁志祥的《中国现当代美学史》④以"美是有价值的乐感对象"为理论指导和对话依据，以超功利的形式美和有价值的内涵美为视角，考察了美学学科在中国现当代的历史演变等。

　　上述研究成果推进了对 20 世纪中国美学的理解，稍显遗憾的是，大多数是在"美学理论史"的学理层面反思百年来中国美学的进展，其重点或是讨论美学的各种具体理论概念、命题以及理论方法的逻辑演进和联系，或是对某些美学家的理论建树进行总结和评论。其结果是将百年来中国美学发展设定为一个相对封闭的、线性的逻辑框架，往往只注重史料的整理、理论的总结，以及概念、范畴的逻辑推演，缺少对美学逻辑之外的学术体制、学科机制因素的观照，而且鲜有从理论家们所建构的话语体系层面展开分析。

　　从现实的构建美学话语体系的层面上，反思百年来中国美学研究历程的成果相对较少。比较有代表性的，如张法的《美学的中国话语：中国美学研究中的三大主题》⑤，选取了美学原理、中国美学史、比较美学这三个方面的内容，从"以什么方式写具有普适性的美学原理""以什么境界写具有千年传统的中国美学史"以及"以一种什么样的框架去写具有世界胸怀的比较美学"等三个角度探讨了美

---

① 章启群：《百年中国美学史略》，北京：北京大学出版社 2005 年版。
② 陈望衡：《20 世纪中国美学本体论问题》，武汉：武汉大学出版社 2007 年版。
③ 尤西林：《心体与时间：二十世纪中国美学与现代性》，北京：人民出版社 2009 年版。
④ 祁志祥：《中国现当代美学史》，北京：商务印书馆 2018 年版。
⑤ 张法：《美学的中国话语：中国美学研究中的三大主题》，北京：北京师范大学出版社 2008 年版。

学的中国话语；范玉刚的《消费文化语境下的文艺学美学话语重构》①提出消费文化语境下文艺学的多元化发展以及美学领域审美话语的重构问题，作者认为，伴随研究对象、内容等的扩展，文学理论范式转换和审美话语重构既有必要性也有可能性。除了少数几部著作外，还有一些单篇论文探讨构建中国美学话语体系的相关问题，如朱志荣的《论中国美学话语体系的创新》②指出，中国美学的话语体系包括中国美学的具体概念、范畴、术语和命题及其表述方式，它的建构需要借鉴西方，继承传统，回应当下。在借鉴和参照西方美学时，我们应当继承王国维、朱光潜、宗白华和李泽厚等人的做法，使中国美学话语具有现代性特征，从而融汇到世界美学的大格局中，还应当继承和激活中国传统话语资源，使其发扬光大，与西方美学话语互证互补。同时，我们还应立足当下，与时俱进，重视对当下审美实践的总结，包括对日常生活中审美趣味的总结等，从而在古与今、中与西的对话中促进中国美学的现代化转型。金雅的《中国美学须构建自己的话语体系》③一文认为，我国美学发展现状，不仅使民族美学逐渐丧失了自己的话语，也大大偏离了人文学科的多元化要求，我国美学要进一步发展，亟须构建自己的话语体系，并从确立基本范畴、建构命题学说、形成思维方法以及弘扬民族美学等层面探讨建构中国美学话语体系的路径。张政文在其《理论转场与转场的本土化、当下化——构建当代美学理论话语体系的基本路径》④中认为，自觉地对古今中外的各种场外理论进行理论转场是构建当代中国美学理论话语体系的基本路径，理论转场过程中，场外理论必须面对当代中国的审美生活，置身当代中国的审美经验，言说当代中国的文艺实践，并将理论转场的本土化、当下化设定为构建当代美学话语体系的合法性、现实性的内在规定，才能形成总结中国审美经验、阐发中国文艺实践、具有强大信服力和现实影响力的当代美学理论话语体系。程相占在《生态美学的中国话语》⑤中指出，构建生态美学的中国话语须关注

---

① 范玉刚：《消费文化语境下的文艺学美学话语重构》，北京：中国社会科学出版社 2012 年版。
② 朱志荣：《论中国美学话语体系的创新》，《探索与争鸣》2015 年第 12 期。
③ 金雅：《中国美学须构建自己的话语体系》，《人民日报》2016 年 1 月 18 日。
④ 张政文：《理论转场与转场的本土化、当下化——构建当代美学理论话语体系的基本路径》，《天津社会科学》2016 年第 4 期。
⑤ 程相占：《生态美学的中国话语》，《江苏行政学院学报》2016 年第 3 期。

三方面的内容：组建生态美学研究的国际学术共同体，高度警惕并彻底摈弃阿 Q
式学术心态，不断反思美学观以聚焦审美问题。他进一步指出，概括提炼国际生
态美学构建过程中出现的中国生态美学话语，绝不是为了强调中国生态美学的民
族性或本土性，而是为了倡导中国美学的创造性和世界性。曾繁仁的《构建中国
美学话语体系》①指出，中国美学话语体系的建构，"生生美学"是一个重要的可
考量因素，因为"生生美学"根植于深厚的中国传统文化土壤，反映了中国人追
求"天人合一"审美的生存方式。它直接指向人们对于美好生活与生存的追求与
向往，是一种价值之美与交融之美，而非西方古代的实体之美与区分之美。"生
生美学"将"体贴生命之伟大处"作为审美的基本原则，这是一种东方特有的生命
美学。"生生美学"将"天地之大德曰生"与"修身养性"作为自己的重要内涵，成
为包含东方道德理性的美学形态。"生生美学"认为"美"渗透于天地生命"阴阳相
生"的变化与创造之中，因而具有"本体性"，是一种"天地有大美而不言"的无言
之大美。"生生美学"追求"象外之象""景外之景""言外之意"，是一种东方特有
的包含更高理性的"意境之美"，而非西方古代的理性之美。这些研究成果或提
出了重要问题，或给出了当下建构美学话语体系的理路，但较少涉及过去这一百
多年来，中国现代美学话语体系是如何建构的，以及建构的逻辑、变迁历程等
问题。

三、撰述思路

本书以百年来中国现代美学话语体系建构的历史脉络为主线，从不同时期或
同一时期不同学术倾向的美学家们建构话语体系的客观学术前提出发，探讨他们
所建构的美学话语体系的类型，并深入话语体系内部，挖掘作为知识形态的美学
话语体系的知识学构型问题，进而考察美学家们在创制话语体系时，所受到的内
在及外在制约因素。

第一，中国现代美学话语体系建构的学术前提和知识依据。在这一部分，主
要关注两大问题：（1）中国现代美学话语体系的建构与整个时代的思想文化运动

---

① 曾繁仁：《构建中国美学话语体系》，《人民政协报》2020 年 1 月 6 日。

间的具体联系及联系方式，确定话语体系建构的思想模式，探讨话语体系建构和变迁的文化契机和发展机制；(2)考察在建构一个时代的整体学术景观方面，中国现代美学话语体系与文学、艺术学等相关学科话语体系的汇通性，从而在美学与整个时代的学术进展中建立起必要的理论联系，既将美学话语体系建构问题纳入到整个学术史研究对象之中，以便把握美学话语体系历史形成中的客观学术前提，又从一个时代的整体学术活动方面来考察美学话语体系建构的特性，充分理解美学话语体系"何以如此"的知识学依据。[①]

第二，中国现代美学话语体系建构的本体性问题。此部分涉及百年来中国美学话语体系建构的类型，每种类型话语体系的形态、特征，以及其问题意识、论证的有效性、开创性等问题。在我们看来，中国现代美学家们从各自的思想资源、学术背景、人生经历等各个层面，形成了不同的学术旨趣，从而建构起了不同类型的话语体系，但是在这些话语体系中，最具代表性的有三类，即认识论的美学话语体系、生存论的美学话语体系、实践论的美学话语体系。本书将以这三类话语体系的建构为主要论述对象，揭示话语体系建构的复杂性、主导趋向、制约因素，以及话语体系内部的逻辑关系。

第三，美学话语体系建构的知识学构型问题。话语的知识学构型以相对统一的术语、命题和表述方式将特定范畴的知识对象纳入秩序化的表意体系之中，由此而生成的知识范式关于知识的陈述便具有了"真理性"，而"知识"一旦升级为"真理"，构造此知识的话语也就宣示了一种"言说真理"的权责。[②] 也正是在此意义上，本部分深入话语体系内部，在微观层面，从术语、命题、表述方式等三个维度，探讨所建构的美学话语体系如何成为一个时代占据主流话语权的支配性话语体系。(1)术语维度。术语是话语体系中最基础的单位。在研究过程中，本书将系统考察百年来所建构的美学话语体系里所使用的核心概念和关键词语，比如"境界""意象""意境""积淀""主体性"等。(2)命题维度。命题是话语体系得

① 可参见王德胜：《百年美学：学术史的追寻——研究 20 世纪中国美学的几个问题》，载汝信、王德胜主编：《美学的历史：20 世纪中国美学学术进程》，合肥：安徽教育出版社 2017 年版，第 3~14 页。

② 冯黎明：《关于话语》，《长江文艺评论》2020 年第 3 期。

以建立的血脉。美学家们将中国传统美学及西方美学中有关美、审美以及艺术经验的命题，转换成规范性的学术话语，如"以美育代宗教""美是自由的象征""人生艺术化""美是人的本质力量对象化"等。在研究中，本书将关注这些命题间的联系、区别、转化，以及其逻辑推演，看理论家们如何将这些命题整合为系统性的叙述性话语。(3)表述方式维度。表述方式与话语的指涉关系相关，而指涉关系体现为确立能指与所指之间的关联方式，比如宗白华用"芙蓉出水"与"错彩镂金"来指涉中国传统艺术和审美中的两种美的理想。指涉关系的确立，意味着话语获得了阐释的普遍有效性。在撰述中，本书将分析美学家们以何种表述方式来确立其话语体系。

第四，制约美学话语体系建构的主体性因素。构造中国美学话语体系的美学家群体，其知识结构、知识立场、文化意识等方面的个体化差异，是建构美学话语体系的主体性制约因素，对于美学话语体系的建构、转化、深化等都具有不可替代的作用。这一点在学术史研究中较容易被忽略，而在本书的撰述过程中将会有所涉及，比如朱光潜在接受马克思主义前后的思想变化等。

第五，美学话语体系建构中的中西交流。中西方不同文化背景的学术话语间的交流和冲突，是影响美学话语体系建构的重要因素之一。在撰述过程中，本书将考察中西美学话语之间交流、冲突的具体表现，它们在历史变动中实际发生、发展的过程，并揭示中西方的学术交流，对于新的美学话语体系的提出方式、具体表达方式等所产生的深层影响效应。

总之，本书在撰述过程中，力争遵循历史与逻辑、宏观与微观、共时与历时相统一的原则，既阐释百年来中国现代美学话语体系建构的历程，呈现其阶段性样态和整体性特征，也从话语体系的知识学构型层面探讨话语体系内部的逻辑关联，并揭示建构中的美学话语体系与社会、文化的关联和变异问题。

第一章

中国现代美学话语体系建构的历史语境

　　20世纪初，王国维、蔡元培等人将美学带入中国人文学术界。此后，无论是在救亡图存的革命年代，还是以经济建设为中心的改革开放年代，美学作为一门学科，间隔一段时间便成为一时的显学，引发众多的讨论和争鸣。无论是革命、阶级斗争，还是改革开放、经济建设，其似乎与美学没有直接的关系，美学处于边缘位置，但也许正如彭锋所指出的，恰恰是这种非中心性，使得美学在某种程度上能在更大范围内被讨论。他认为，美学的边缘性，使它能够承担起批判的重任，批判性具体体现在这样几个方面：对封建意识的批判，以王国维、梁启超、蔡元培、鲁迅等为代表，其实质是要用自由代替专制、用科学代替愚昧，与"五四"精神基本一致；对生命精神的批判，以宗白华为代表，在反思批判向外无尽索取的西洋精神以及"旧老的中国"精神后，他为艺术和美找到了最终的表现方式，即"舞"这种作为宇宙本体的生命律动；马克思主义美学的批判精神，以蔡仪为代表，集中表现在对资产阶级文艺思想的批判；对主观恐惧症的批判和对学术严肃性的维护，以朱光潜为代表；对主体性丧失的批判，以李泽厚为代表，经过批判，架在人们精神上的枷锁被彻底摧毁了，"文化大革命"中的一些禁语，如人道主义等都可以进行公开的讨论；对精神荒芜的批判，以叶朗为代表，认为在新的历史形势下，美学应扮演批判拜物主义、拯救精神的角色。[1] 这种概括基本上将百年来中国现代美学话语体系建构的旨趣呈现了出来。

---

　　① 彭锋：《美学的感染力》，北京：中国人民大学出版社2004年版，第5~11页。

作为一种诞生于市民社会与国家之间文化战争中的理论话语，以先验人性的自由为普世价值的美学固然具有引领启蒙和批判的精神解放效能，但是单由美学的学科属性入手，恐怕还无法挖掘出 20 世纪中国现代美学话语体系建构的历史缘由。因此，我们有必要首先探索一下承载这些话语体系建构的历史语境。在我们看来，在现代社会学的视野中，20 世纪中国人文学术界数次出现"美学热"，并经由"美学热"而不断探索建构中国现代美学话语体系的根本原因在于：市民社会的兴起、受限、衰落、重现与总体性国家意识形态的建构、强化、转型、重塑，二者之间在特定时期的历史性关系造成了"美学热"的不定期发作，这也是中国现代美学话语体系建构的深层历史动因。

第一节　美的诞生：市民社会与人性启蒙

18 世纪中叶，学科形态的"美学"诞生，标志性事件是鲍姆嘉通 1750 年首次正式出版《美学》第一卷。但严格来说，鲍姆嘉通所谓的 Aesthetica 与当今学术界基于"艺术哲学"或者"文艺心理学"意义上理解的"美学"大异其趣，因为鲍姆嘉通将 Aesthetica 定义为"感性学"，其目的是要在形而上学的框架内解决认识论的问题。但问题在于，"感性"缘何在 18 世纪需要成为一门学问来进行研究？这实际上是一个重大的现代性问题。马克斯·韦伯认为，西方国家从宗教神权社会向世俗社会的现代性转型其实就是一个"祛魅"的过程，实质是"世界图景和生活态度的合理化建构，致使宗教性的世界图景在欧洲崩塌，一个凡俗的文化和社会成型"。所谓"凡俗"，依据特洛尔奇的看法，是"所有意趣、思想和诉求之此岸性的超常高涨"，与之相伴随的则是人作为此岸性高涨的主体，所秉持的"人之力量的高昂感"[1]。即，伴随着"祛魅"而来的是主体性的凸显和理性化的形成：凸显的主体性使得西方文化从神学的超验性和宗教的神秘性走向了世俗性和人自身；理性化则意味着人能够根据自身的理性来建造世界，建立社会的运行规则。西方二元论的传统决定了当彼岸神性的维度失去主导性地位后，要有一个俗世的

---

[1]　刘小枫：《现代性与现代中国》，上海：华东师范大学出版社 2018 年版，第 103 页。

替代性事物来主导人们的精神生活。这一替代物正是以感性面目出现的"审美"，因为作为现代性的"审美"包含了三种基本诉求："一、为感性正名，重设感性的生存论和价值论地位，夺取超感性过去所占据的本体论位置；二、艺术代替传统的宗教形式，以至成为一种新的宗教和伦理，赋予艺术以解救的宗教功能；三、游戏式的人生心态，即对世界的所谓审美态度（用贝尔的说法，'及时行乐'意识）。"这三种诉求的实质则是为了"彻底更改神义论：隐藏在一切艺术享受和感性创造背后的基本力量是快感官能。感性个体靠这种力量实现真正的自我，获得人生最高的、唯一的幸福。传统神义论对生命意义以及幸福和善意问题的解答已被宣告无效，享受感性快感的程度，成为对人生的终极辩护"①。

但是，真正从哲学上进行系统论证，将美学变成一个哲学体系的组成部分的是哲学家康德，在《判断力批判》中，康德提出了这样的论断，即审美判断是一种不同于感觉和知性心理的特殊的意识活动，其最主要的特点是无利害性，这是其质的规定性。因为一切利害关系是以欲求或者需要为前提，而美感却是在抛弃了官能、理性方面的利害感之外获得的，是在无利害关系之下所产生的一种主观的自由的愉悦。在这种无利害性观念的基础上，康德又从量上的"普遍性"、关系方面的"无目的的合目的性"、模态上的"必然性"等概念界定审美活动的属性。康德的这一系列规定性使得审美成为人的先验自由得以实现的重要途径，这主要是因为，在康德这里，审美不是一种族群的、团体的行为，而是一种个人化的行为，而且是建立在个体化的反思判断力的基础之上的，是主体自由的本质力量的体现。进一步，康德将与美关系最为密切的艺术与主体的自由挂上了钩。他认为艺术也是以自由为旨归的，康德写道："我们出于正当的理由只应当把通过自由而生产，也就是把通过以理性为其行动的基础的某种任意性而进行的生产，称之为艺术。"②艺术与科学、手艺都不同，它是"一种本身就使人快适的事情而得出合乎目的的结果"③。进一步，康德又区分了机械的艺术与美的艺术，他写道：

---

　　① 刘小枫：《现代性与现代中国》，上海：华东师范大学出版社2018年版，第110~111页。为什么恰恰是审美而不是其他事物成为替代物，亦可参见［德］于尔根·哈贝马斯：《现代性的哲学话语》，曹卫东等译，南京：译林出版社2004年版，第9~12页。
　　② ［德］康德：《判断力批判》，邓晓芒译，北京：人民出版社2002年版，第146页。
　　③ ［德］康德：《判断力批判》，邓晓芒译，北京：人民出版社2002年版，第147页。

"如果艺术在与某个可能对象的知识相适合时单纯是为着使这对象实现而做出所要求的行动来，那它就是机械的艺术；如果它以愉快的情感作为直接的意图，那么它就叫做审美的[感性的]艺术。审美的[感性的]艺术要么是快适的艺术，要么是美的艺术。它是前者，艺术的目的就是使愉快去伴随作为单纯感觉的那些表象；它是后者，艺术的目的则是使愉快去伴随作为认识方式的那些表象。"①也就是说，快适的艺术单纯以享受为目的，而美的艺术其本身就是目的，它能够促进人的其他能力的培养。所以，康德总结说："一种愉快的普遍可传达性就其题中应有之义而言，已经带有这个意思，即这愉快不是出于感觉的享受的愉快，而必须是出于反思的享受的愉快；所以审美的艺术作为美的艺术，就是这样一种把反思判断力，而不是感官感觉作为准绳的艺术。"②至此，康德论证了艺术与美来自同一个本源，即主体的自由意志和自觉意识。

关于学科性质的美学何以在 18 世纪中叶得以建立的学理问题似乎得到了解决，但仍然有必要进一步追问感性的觉醒以及自我价值实现的追求产生于这一特定时代的原因，这就关涉社会的体制、机制以及社会阶层等方面的因素。无论是提出建立美学学科的鲍姆嘉通，还是为美学进行最终学理确认的康德，他们与当时的作家、艺术家一样，都属于主导社会的中产阶级，中产阶级起主导作用正是市民社会的典型特征。因此，当鲍姆嘉通提出建立"感性学"时，透露出的是欧洲文化从超验神学退回到世俗生活世界这一现代性转向的征候，实质是在表达市民社会中居于社会主导地位的中产阶级的感觉样态、生存方式和人生诉求；康德所表达的"不借助概念而普遍有效"的审美意识也是作为文化共同体的市民社会超阶级的、人性化的价值诉求。③

伴随现代民族国家的形成而出现的市民社会，"超越了古典时代的贵族/平民的二元结构，建造了一个全新的社会群体，因此它需要一个全新的文化认同，而

---

① [德]康德：《判断力批判》，邓晓芒译，北京：人民出版社 2002 年版，第 148 页。
② [德]康德：《判断力批判》，邓晓芒译，北京：人民出版社 2002 年版，第 149 页。
③ 有关市民社会与审美现代性的关联，可参看冯黎明先生的相关论述，具体文章信息如下：《艺术自律：一个现代性概念的理论旅行》，《文艺研究》2013 年第 9 期；《艺术自律与市民社会》，《文艺争鸣》2011 年第 11 期；《艺术自律与艺术终结》，《长江学术》2014 年第 2 期。

且这认同必须具有普适性的内涵，能够为市民社会提供普遍有效的合法化依据"①。当此前能为所有阶层所接受的普适性的彼岸价值被祛除后，对肉体感性生命的肯定就成了新的普适性文化价值，作为神化此岸世界的面目出现的感性学/美学作为一种价值诉求，正好能够满足市民社会的文化认同。因此，学科性的美学在建立之初，就不仅仅是对感觉现象的知识学的研究，而是在欧洲文化走向世俗化的历史阶段生发出来的一种以先验性、感性和普适性为思想品格的理论话语，体现了市民社会解构此时蔓延于欧洲各国的贵族专制主义意识形态——血统伦理——的文化革命诉求。贵族专制主义政治用血统伦理制造差序性的社会隔离体制以捍卫自身权力的合法性，而审美判断则用超越血统伦理的先验性和普适性拆解这一隔离体制以构建市民主义价值的合法性，美学的启蒙意义正在于此。因此，美学话语的生成本身就是思想史上的一个"大事件"，是市民社会争夺文化领导权的宣言，其所满足的是市民社会对个体性、此岸感等普适性文化价值的追求。

厘清了欧洲近代理性文化语境中美学话语生成的社会体制性缘由后，再以此观察 20 世纪中国的美学热以及由此而出现的建构美学话语体系的努力，历史深处的某些隐秘内涵就将浮出水面。

目前学术界对于晚清至民国这一阶段是否存在游离于国家之外的市民社会一直争议颇多。很多学者认为，由于历史上的中国是一个高度专制、中央集权特征突出、严重缺乏民主和自治传统的国家，因此，不可能出现脱离国家直接控制的市民社会。在某种程度上，这种说法具有合理性，但是如果将这种情况放在晚清—民国这一历史时段内，又失之偏颇。因为该时段不受国家直接控制的民间独立自治组织和非官方亦非私人性质的公共领域确实存在，比如晚清绅士精英们所组成的各种社团、商会等。著名史学期刊《历史研究》1996 年第 1 期发表了王笛的《晚清长江上游地区公共领域的发展》、马敏的《商事裁判与商会——论晚清苏州商事纠纷的调处》以及王先明的《晚清士绅基层社会地位的历史变动》等三篇文章，这组文章利用详实的文献论证了晚清至民国时期市民社会雏形的形成过程，

---

① 冯黎明：《艺术自律与市民社会》，《文艺争鸣》2011 年第 11 期。

笔者赞同这三位学者的论点并将他们的观点简述如下：

王笛借用"公共领域"的概念，采取区域研究的方法，以具体数据对晚清长江上游地区社会的发展演变做出了剖析。王笛指出："在晚清的长江上游地区，公共领域的发展已初步为市民社会的形成奠定了基础……在各主要城市，商会、各种法团、新学校、各种文化教育组织等，都在这个社会中积极活动。在各个社会层面，从士大夫、乡绅到普通百姓，都在其影响之下。这些非官方的社会领域为地方士绅参与政治、经济和社会活动提供了更多的机会。"①而公共领域和公共空间的存在，则是市民社会的主要特征之一。在这些公共领域中，社仓、普济堂、育婴堂、敬节堂以及多功能的地方自治组织等公共机构纷纷建立起来，成为重要的社会力量。特别是商会的诞生、发展以及对社会的促进作用也是晚清—民国时期社会获得发展的重要标志。马敏通过考察晚清苏州商会档案中的商会"理案"记录，分析了晚清商会商事调处的性质、特点及其运行情况，从另一个侧面探讨了晚清社会中的市民社会因素。在传统的商业纠纷中，各级官府衙门掌控着审理的过程，政府主导判决。马敏细致考察了苏州商会档案后发现，由于商会"理案"，"破除了葡匐公堂、刑讯逼供的衙门积习，以理服人，秉公断案，主要采取倾听原、被告双方申辩，以及深入调查研究、弄清事实真相、剖明道理的办法予以调解息讼"②，所以商会成立之后，商事纠纷的审理权也相应地从各级衙门移到了商会之中，这样一来，商会就有些类似民间法庭机构，能够对商业纠纷起到仲裁作用。而独立的仲裁机构在社会发生效力，则是市民社会的特征之一。商会的职责不仅仅限于"理案"，在清末民初商会还独立开展了很多影响深远的活动，比如经济上兴商学、维持市面秩序，政治上抵制洋货、维护民族企业利益，创办各类报纸、杂志等。由此可见，晚清至民国初年以商会为代表的民间社团的产生、壮大，正是中国市民社会雏形开始出现的重要体现。

在传统的中国社会中，士绅这一群体在社会中发挥着主导作用，而市民社会中，一个主要的特征是中产阶级占据社会主导地位。王先明选取了士绅群体作为考察对象来观照晚清社会内部结构自身的变动。王先明通过对保甲制度的变迁、

---

① 王笛：《晚清长江上游地区公共领域的发展》，《历史研究》1996 年第 1 期。
② 马敏：《商事裁判与商会——论晚清苏州商事纠纷的调处》，《历史研究》1996 年第 1 期。

团练的兴起等史实的考察，认为晚清士绅的社会地位发生了非常大的变化：从过去受官府基层社会组织的制约，逐渐转变成为基层社会控制系统中真正的主体力量，即，从控制对象变成了控制的主体。①

特别是随着辛亥革命的爆发，原有的古典专制体制全面解体，解除了国家控制之后，整个社会呈现零散状态，文化控制相对宽松，国家权力的意识形态功能弱化。在这样的背景之下，国家与社会都出现了明显的变化，并建构起了一种新型的互动关系。有学者评论道："从国家的面向看，清末民初的国家已一定程度地依赖社会实现新的动员与整合，因而对社会给予了某些扶持，由此成为独立的市民社会雏形能够孕育萌生的一个重要因素。……从社会的面向分析，近代中国市民社会的雏形在清末萌生之后，已取得了一部分自治权利，对国家既做出了正面的回应，也发挥了制衡的功能与作用。但是，近代中国的市民社会始终发展不充分，可以说一直未真正脱离清末民初的雏形状态，没有形成完善的市民社会。"②

市民社会在开放和发达地区迅速发展起来后，开始积极寻求属于市民社会的价值表达，用葛兰西的说法，就是要寻求"文化领导权"。然而中国思想传统在此方面的缺失，让人文学者们不得不借助西学东渐引入的普适性话语体系来表达市民社会的文化愿景，于是，审美、个体自由、人生的艺术化等诞生于西欧市民社会的文化价值被认可与接受。在这样的语境下，中国学术界开始积极建构美学的中国话语，美学第一次"发热"。

王国维引领了这次美学话语体系建构的热潮。在 1902 年翻译日本学者的著作时，王国维使用了"美学""美感""审美""美育""优美"和"壮美"等现代美学的基本词语。此后，他开始尝试用西方美学理论来解释中国古典思想资源，并从哲学上论证艺术对人生的解救功能。在《〈红楼梦〉评论》的开篇，他就提出了对人类生命本质的思考："生活之本质何？欲而已矣。"③人的欲望难以一一满足，即使所有欲望都实现了，又会产生厌倦心理，于是人生便如钟摆一样陷入往复的痛

---

① 王先明：《晚清士绅基层社会地位的历史变动》，《历史研究》1996 年第 1 期。
② 朱英：《关于晚清市民社会研究的思考》，《历史研究》1996 年第 4 期。
③ 王国维：《王国维文学论著三种》，北京：商务印书馆 2000 年版，第 2 页。

苦与厌倦之中，"欲与生活与痛苦，三者一而已矣"①。要化解这种生存的痛苦，"非美术何足以当之乎"②？这是因为自然界的万事万物、人类的知识等，都产生于功利，也必然与痛苦紧密关联，美术(艺术)既与人没有利害关系，又能使人忘却自我、超然于现实利害关系之外，能够担负起解脱人生痛苦的任务，所以他说："故美术之为物，欲者不观，观者不欲。而艺术之美，所以优于自然之美者，全存于使人易忘物我关系也。"③综观王国维在该文中的论证思路，可以明显看到叔本华的思想痕迹，但他并没有像叔本华那样得出弃绝生命的结论，而是认为审美能够解脱人生之苦。这种视艺术为一种生存伦理的观念，显然有别于将艺术视为"言志""载道"工具的中国古典美学，而与脱胎于西欧市民社会中的自律性艺术观念合拍。

继王国维之后，蔡元培开始为该理论推波助澜，但蔡元培的阐释角度与王国维有较大差异。在王国维那里，艺术与宗教具有相同的使人解脱的功能，④ 蔡元培则认为，必须用"美育代宗教"，其原因在于："一、美育是自由的，而宗教是强制的；二、美育是进步的，而宗教是保守的；三，美育是普及的，而宗教是有界的。"⑤虽然蔡元培如此决绝地给宗教与美育划界，但他并不否认宗教中美育元素的存在，只不过在他看来，"宗教中美育的原(元)素虽不朽，而既认为宗教的一部分，则往往引起审美者的联想，使彼受其智育、德育诸部分的影响，而不能为纯粹的美感"⑥。抛开蔡元培由政治文化层面反对宗教的立足点，可以找到其美学与王国维美学的共通处，即强调审美"足以破人我之见，去利害得失之计

① 王国维：《王国维文学论著三种》，北京：商务印书馆 2000 年版，第 3 页。

② 王国维：《王国维文学论著三种》，北京：商务印书馆 2000 年版，第 4 页。在王国维这里，"美术"实际上指的就是艺术。

③ 王国维：《王国维文学论著三种》，北京：商务印书馆 2000 年版，第 5 页。

④ 在其《去毒篇》中，王国维提出了一个非常具有现代性意义的观点：在禁止鸦片的行动中，宗教和美术的作用非常大，因为它们都能作用于人的情感，前者适用于下层社会，后者适用于上层社会，"美术者，上流社会之宗教也"。而他所谓的上流社会，也正是接受过一定教育的市民文化人的社会。具体可参见周锡山编校：《王国维文学美学论著集》，太原：北岳文艺出版社 1987 年版，第 47～50 页。

⑤ 高平叔编：《蔡元培全集》第 5 卷，北京：中华书局 1988 年版，第 501 页。

⑥ 高平叔编：《蔡元培全集》第 5 卷，北京：中华书局 1988 年版，第 502 页。

较"，审美活动是无利害关系的、无目的的、无概念的，是最无拘无束的活动，是自由生活的典型，通过审美化生活，人可以成就"普遍"和"超脱"（解脱）的境界。① 这种超越国家、阶层和族群的个体审美化所传达出的正是市民社会普适性的文化诉求。

20 世纪 20 年代以后，宗白华更是"通过对古代诗文、音乐、绘画以至个体人格风范的诠释，提供一种审美化个体自由人生的范本。艺术是生活态度和世界观念，个体生存应该艺术化（审美化）"②。于宗白华而言，个体的自由和艺术化的人生是融贯在一起的。与王国维一样，宗白华看到了人生的苦闷、悲观，人的生命、情绪和自我受到了压抑。他说，我们所生活的空间中"有一种冷静的、无情的、对抗的物质，成为我们自我表现、意志活动的阻碍"，"这人事中有许多悲惨的、冷酷的、愁闷的、龌龊的现状"③。只有唯美的眼光、艺术化的人生观方能对抗这种不完满，"唯美的眼光，就是我们把世界上社会上各种现象，无论美的，丑的，可恶的，龌龊的，伟丽的自然生活，以及鄙俗的社会生活，都把他当作一种艺术品看待——艺术品中本有表写丑恶的现象的——因为我们观览一个艺术品的时候，小己的哀乐烦闷都已停止了，心中就得着一种安慰，一种宁静，一种精神界的愉乐"④。不完美的人生经过艺术化的处理，也会像艺术品一样，成为丰富的、有意义的人生，这种艺术化的人生态度最终在宗白华那里上升到了形而上学的高度，成为中国人区别于西方人的根基性因素。他认为，传统的儒家礼乐，使我们的日常生活成了艺术化的生活："中国人的个人人格，社会组织以及日用器皿，都希望能在美的形式中，作为形而上的宇宙秩序，与宇宙生命的表征。这是中国人的文化意识，也是中国艺术境界的最后根据。""中国人感到宇宙全体是大生命的流行，其本身就是节奏与和谐。人类社会生活里的礼和乐，是反射着天地的节奏与和谐的。"⑤宗白华在这里描述的是洋溢着诗和乐的世界，人与

---

① 高平叔编：《蔡元培全集》第 3 卷，北京：中华书局 1988 年版，第 30~34 页。

② 刘小枫：《现代性社会理论绪论——现代性与现代中国》，上海：上海三联书店 1998 年版，第 314 页。

③ 宗白华：《宗白华全集》第 1 卷，合肥：安徽教育出版社 1994 年版，第 309~310 页。

④ 宗白华：《宗白华全集》第 1 卷，合肥：安徽教育出版社 1994 年版，第 179 页。

⑤ 宗白华：《宗白华全集》第 2 卷，合肥：安徽教育出版社 1994 年版，第 412~413 页。

世界的关系也是一种审美的、艺术的关系。宗白华的上述论调明显是在以超越阶级国家的普适性话语定位人的生命价值。

被日本汉学家吉川幸次郎誉为"现代中国最像艺术家的艺术家"的丰子恺，也同样秉持人生的艺术化理念。他指出，当时的多数人都在乱用"艺术"一词，这一点从他们在遭遇事物时所使用的语词就可以看出来："他们看见华丽就称之为'艺术的'，看见复杂就称之为'艺术的'，看见新奇就称之为'艺术的'，甚至看见桃色的东西也称之为'艺术的'。"①而事实上，如果剥开艺术的外衣，很容易发现艺术其实就是技术和美德的合成物，所谓"美德"，"就是爱美之心，就是芬芳的胸怀，就是圆满的人格"；而"技术"，就是声色及巧妙的心手，但是在这二者中，美德又是占据最重要地位的，因为只有先具备了爱美的心，芬芳的胸怀，圆满的人格，然后用巧妙的心手，借巧妙的声色来表示，方才成为"艺术"。②"美德"实际上是融合了道德心、宗教心以及审美心于一体的他所谓的"艺术心"，具体说来又具有以下几个方面的内涵：

首先是"同情心"。在丰子恺看来，一个拥有同情心的人，如果不是被逼无奈，绝不无端有意地毁坏美景，伤害生物。如果艺术教育没有培育出这种同情心，那就是艺术教育的失败。他举例说："一片银世界似的雪地，顽童给它浇上一道小便，这是艺术教育的一大问题；一朵鲜嫩的野花，顽童无端地给它拔起抛弃，也是艺术教育上的一大问题；一只翩翩然的蜻蜓，顽童无端给它捉住，撕去翅膀，也是艺术教育的一大问题。"③其实对于人类来说，我们所爱惜的不是雪地本身，不是野花本身，也不是蜻蜓本身，而是动手毁坏或残杀的人的"心"，因为雪总是要融化的，野花也要零落的，蜻蜓总是要死亡的，没什么可惜的，可惜的是见美景而忍心无端破坏，见同类之生物而忍心无端残杀，是为"不仁"，即非艺术的。丰子恺往往又把这种"同情心"称之为"护生的心"或者"众生心"，即"一个人不只有自己的一颗心，而兼有万众之心，就是不仅知道自己的心，又能

---

① 张竟无编：《佛门三子文集：丰子恺集》，北京：东方出版社 2008 年版，第 137~140 页。
② 张竟无编：《佛门三子文集：丰子恺集》，北京：东方出版社 2008 年版，第 137~140 页。
③ 张竟无编：《佛门三子文集：丰子恺集》，北京：东方出版社 2008 年版，第 140 页。

体谅同类的心"①。他从创作和作品两个角度来加以阐释：从创作的角度来看，艺术家一方面要有其特殊的个性，另一方面又要有孔子所谓的"推己及人"的同情心；从作品方面来看，那些能够体会"众生心"的作品，大都"富有客观性"而"能代表众人言"。这里的"富有客观性"是指作品所表现的，不仅是个体或少数特殊阶级所能理解的，而是多数人甚至全人类都能理解的东西，"能代表众人言"就是艺术家在作品中所描摹的某种一般大众都能感受到，但又说不出来的情状。② 这种"同情心""众生心""护生心"实际上蕴含着儒家天地万物一体，佛家众生平等的观念，既是一种道德之心，同时也是一种宗教之心。

其次是一种"绝缘的心"或者称"童心"。丰子恺在其著作中多次提到"童心"或者"绝缘"的问题，他认为，艺术家和儿童一样，对于事物都会采取一种"绝缘"的态度。"所谓绝缘，就是对一种事物的时候，解除事物在世间的一切关系、因果，而孤零地观看。使其事物之于外物，像不良导体的玻璃对于电流，断绝关系，所以名为绝缘。绝缘的时候，所看见的是孤独的、纯粹的事物的本体的'相'。……绝缘的眼，可以看出事物的本身的美，可以发见奇妙的比拟。"③在丰子恺看来，"绝缘"其实就是摆脱事物的因果关系而只关注其本来面目的看世界的态度。这种绝缘的态度也就是一种不涉利害、无概念、无目的的观察事物的态度，这与西方美学中的"审美无利害性""审美态度"等理论有异曲同工之妙。对于丰子恺来说，这种"绝缘"的态度其实与小孩子看待事物的方式是一样的，即他所谓的"童心"。从以上所述来看，丰子恺所谓的"绝缘的心""童心"实际上又是一种审美之心。

丰子恺认为，在人之初生阶段，实际上每个人都是具有"同情心""护生心""童心"的大艺术家，但是由于人生经历中的各种因果、传统、环境以及习惯的牵制，人的各种"心"都被压抑了，成了不自由的个体，这也就成了人生苦闷的根源。他以精炼的语言描绘了人生的这一历程："原来吾人初生入世的时候，最

---

① 张竟无编：《佛门三子文集：丰子恺集》，北京：东方出版社 2008 年版，第 133~136 页。
② 张竟无编：《佛门三子文集：丰子恺集》，北京：东方出版社 2008 年版，第 160~162 页。
③ 金雅主编：《中国现代美学名家文丛：丰子恺卷》，杭州：浙江大学出版社 2009 年版，第 26~31 页。

初并不提防到这世界是如此狭隘而使人窒息的。只要看婴孩，就可明白。他们有种种不可能的要求，例如要月亮出来，要花开，要鸟来，这都是我们这世界所不能自由办到的事，然而他认真地要求，要求不得，认真地哭。可知人的心灵，向来是很广大自由的。孩子渐渐长大起来，碰的钉子也渐渐多起来，心知这世间是不能应付人的自由的奔放的感情的要求的，于是渐渐变成被驯服的大人。自己把以前的奔放自由的感情逐渐地压抑下去，可怜终于变成非绝对服从不可的'现实的奴隶'。这是我们都经验过的事情，是谁都不能否定的。我们虽然由儿童变成大人，然而我们这心灵是始终一贯的心灵，即依然是儿时的心灵，不过经过许久的压抑，所有的怒放的炽盛的感情的萌芽，屡被磨折，不敢再发生罢了。这种感情的根，依旧深深地伏在做大人后的我们的心灵中。这就是'人生的苦闷'的根源。"①

而艺术教育其实就是教人以一种"同情的"态度、"绝缘的"态度，以及小孩子的眼光来看待世间万物，从而找回被压抑的自由奔放的情感，这也就是培植"艺术心"的过程。在丰子恺看来，如果艺术教育达到了其目的，那么每个人都可能重新回到儿童的世界，每个人也都可能成为艺术家。"艺术家的目的，不仅是得一幅画，一首诗，一曲歌，而是借描画吟诗奏乐来表现自己的心，陶冶他人的心，而美化人类的生活，不然，舍本逐末，即为画匠，诗匠，乐匠，在这种意义上，艺术家又不仅仅局限于画家、诗人、音乐家等，那些胸怀芬芳悱恻，以全人类为心的大人格者，即使不画一笔，不吟一字，不唱一句，正是最伟大的艺术家。"②对于丰子恺来说，"艺术心"是融合了真、善、美于一体的心，具备了艺术心的人就能够拥有爱美之心及芬芳的胸怀，也成就了圆满的人格。从某种意义上说，"艺术心"（"童心"）是每个人天生就具有的，但是因为人的功利心、占有欲把它泯灭了，而艺术教育的最终目标就是培植"艺术心"，找回失落的自由情感，从而实现完满的人性。

其他引领第一次现代美学话语体系建构热潮的翘楚们，比如朱光潜、邓一

---

① 丰子恺：《关于学校中的艺术科——读〈教育艺术论〉》，转引自《丰子恺文集》第2卷，杭州：浙江文艺出版社1990年版，第225~226页。

② 张竞无编：《佛门三子文集：丰子恺集》，北京：东方出版社2008年版，第133~136页。

蛰、梁漱溟①等，无一例外地认可人生的艺术化、艺术的审美救赎功能（审美欣赏中暂时忘却了现实中的苦闷和烦恼，在超脱现实的艺术中获得自由）以及审美活动的超现实、超功利性质。这种跨越阶级、超越族群的普适性价值诉求恰好也是西欧市民社会中的审美主义者们所普遍追求的。

因此，从知识社会学的角度来看，20 世纪初叶中国美学话语体系建构的第一次热潮有其必然性：美学热潮中被反复论及的个体自由、人生的艺术化等观念，是个体性的、超阶级的、跨族群的普适性价值的话语表达，而这种话语体系正是与当时市民社会的发展同步的，保持了市民社会的文化诉求——尽管其所用的资源和概念工具来自欧洲。

第二节　美的困惑：寻找解放与献祭的平衡点

卡尔·施密特在《政治的概念》一书中，将近代国家划分为三种类型：18 世纪的绝对国家、19 世纪的中立国家以及 20 世纪的全能国家（total state）。在全能国家里，国家的权力无限扩大，并最终完全控制了社会，"国家与社会是合一的"，"一切事务至少是潜在地具有政治性的"②。在施密特看来，全能国家的特征主要在于国家通过意识形态、组织结构以及有效的干部队伍实现对社会生活所有方面的渗透与组织。1949 年之后的中国社会，结构特征体现为一种国家主义的总体化权力体制。在这种体制下，整个社会实现了国家化与政治化，整个社会的所有机构、所有人都以政治为职业，以履行国家职能为目标，国家的权力达到顶峰。③ 因此，晚清—民国初见雏形的市民社会也就没有了生存的土壤。然而，中国美学话语体系建构此时却出现了第二次热潮。

这次美学话语体系建构的热潮是以批判朱光潜的美学思想为导火线进而蔓延

---

① 有关梁漱溟的审美主义思想，可参见刘小枫：《现代性与现代中国》，上海：华东师范大学出版社 2018 年版，第 116~119 页。

② ［德］卡尔·施密特：《政治的概念》，刘宗坤等译，上海：上海人民出版社 2004 年版，第 103 页。在该译本中，译者将 total state 译为"全权国家"，与通行译法有出入，本文遵通行译法。

③ 李强：《后全能体制下现代国家的构建》，《战略与管理》2001 年第 6 期。

开来的。在"百花齐放、百家争鸣"方针的号召指引下，1956年6月30日，朱光潜在《文艺报》上发表了名为《我的文艺思想的反动性》的自我批判文章，随后贺麟、蔡仪、黄药眠、敏泽、李泽厚等美学家撰写了一大批批判朱光潜美学思想的文章，这些文章陆续在《人民日报》《文艺报》等报刊上发表，① 通过这些观点迥异的循环批判文章，美学问题、美学话语体系的建构成了全国人民关注的焦点。此后，学术界、文学艺术界的各种人物纷纷撰写文章加入讨论，这股热潮一直持续到1966年"文化大革命"爆发之前。据统计，参与这场讨论的人数有近百人，发表论文三百多篇，从而形成了1949年以后中国学术界一次"百家争鸣"的局面。②

无论是从美学的学科命运还是美学发展的社会条件来看，这次美学的"发热"都显得有点令人费解：③ 一方面，20世纪五六十年代的西方世界，在分析哲学的影响之下，传统的哲学美学(讨论美之本质)已经式微，美学正被艺术分析、艺术批评等"艺术哲学"所代替，而中国这次美学热潮讨论最多的还是"美到底是什么"这一美的本质问题，美学话语体系的建构也围绕美的本质、美感的本质等问题展开；另一方面，从"反右运动"到"四清运动"，整个社会的政治运动接连不断，知识分子又是首当其冲被批判的对象，很多学术研究处于不敢越雷池一步的状态，恰恰是在这种严重的政治和社会高压下，发生了美学话语体系建构的热潮，这不能不说是一个奇迹。但如果从知识社会学的角度来分析，这次美学热潮的出现又有其必然性。

邓正来认为："任何国家都会试图按照自己的利益和意图，经由各种手段和

---

① 这些批判文章基本上都是由当时的学术大家撰写，所造成的影响自然也就非常广泛。诸如贺麟在《人民日报》发表的《朱光潜文艺思想的哲学根源》、黄药眠在《文艺报》上发表的《论食利者的美学——朱光潜美学思想批判》、曹景元在《文艺报》上发表的《美感与美》、敏泽和李泽厚分别在《哲学研究》上发表的《朱光潜反动美学思想的源与流》以及《论美感、美和艺术(研究提纲)——兼论朱光潜的唯心主义美学思想》等。关于五六十年代美学大讨论的一些细节，可参考张荣生：《记上个世纪五十年代的美学大讨论》，《中华读书报》2012年2月1日，第5版。在该文中，作者以亲身经历详细介绍了各家各派的观点以及批判文章的先后顺序。

② 彭锋：《美学的意蕴》，北京：中国人民大学出版社2000年版，第3页。

③ 关于该时段美学热的情况，可参见赵士林：《对"美学热"的重新审视》，《文艺争鸣》2005年第6期。

机构对整个社会进行特定指向的政治社会化，目的是通过这一政治社会化过程而使特定的政治意识内化为其公民的自觉的行为规范，从而营建出一种适合于维系和巩固其自身统治的政治文化。这种政治社会化的结果不仅有可能使国家自身的合法性权威得到普遍的承认和接受，而且还有可能降低社会统治成本而达到有利于自己的社会稳定。这样一种政治社会化的过程，在一定意义上可以被视为国家对于知识生产过程的控制和治理过程。这是因为国家所采取的政治社会化措施，从根本上说，就是要创设一种知识治理制度：一方面是使那些能够体现自己意图或合乎自己意图的政治理念主宰知识的生产者和生产场所，进而透过特定的社会制度安排而把这样的生产者在这样的生产场所中生产出来的各种知识向社会大众传播，另一方面则通过各种正式或非正式的制度安排遏制不利于自身统治之合法性基础的知识生产者的生产活动，阻止各种有害于支配性政治理念的知识在社会大众中传播和散布。"①从实际效果看，这次美学热潮也是新建立国家的一种"政治社会化"过程，其目的是落实马克思主义意识形态的独尊地位。同时，在新建立的总体化的全能国家里，国家权力对知识生产与传播也是全面控制的，其指向就在于国家权力的强化，在这种追求统一性、总体性思维的语境中，那些表达市民社会中对个体自由追求的精神诉求也就失去了存在的合法性，美学大讨论中主观派的早早出局以及主客观统一派的被规训即为明证。

事实上，在美学大讨论全面展开之前的 1955 年 4 月 11 日，《人民日报》就发表了题为《展开对资产阶级唯心主义思想的批判》的社论。社论指出："一九五一年至一九五二年间对知识分子的思想改造运动的直接目的是清除封建的、买办的、法西斯的思想，同时也对资产阶级的错误思想给了初步的批判……使大家认识到必须对资产阶级错误思想进行坚决的斗争。但是在过去几年中，还没有对资产阶级思想，特别是资产阶级哲学——唯心主义思想进行有系统的批判，而这任务现在是必须着手了。"社论还认为，思想战线的斗争意义非常重大："这是一场极其复杂和尖锐的阶级斗争在思想战线上的反映。为了顺利地实现党在过渡时期的总路线，为了保证经济战线上的胜利，必须同时在思想战线上展开斗争并取得

---

① 邓正来等主编：《国家与市民社会：一种社会理论的研究路径》，上海：上海世纪出版集团2006 年版，第 339 页。

胜利。"批判资产阶级唯心主义思想，关乎社会主义的事业："国内外阶级敌人力图破坏社会主义的事业。他们破坏我们事业的最重要的方法之一，就是用资产阶级思想反对马克思主义思想，用唯心主义世界观反对唯物主义世界观。他们用这个方法抗拒改造，阻碍社会进步，阻碍科学和文化的进步，阻碍建设事业的发展，并腐蚀劳动人民，直到腐蚀我们的党。"①美学大讨论延续了这种斗争思维，从整个讨论中所争论的核心问题，即美的本质问题，就可以看到，这次美学热潮在某种意义上正是哲学领域有关唯物、唯心的论争(或者说思维与存在何为第一性问题)在美学领域的落实，而批判唯心主义、高扬唯物主义，把存在视为第一性等则关涉官方的立场。

以吕荧、高尔泰为代表的主观派在美学刚刚"发热"时就被剥夺了话语权。吕荧明确指出，美并不是一种绝对的存在，而是相对的，不同的人对美的看法不同。他写道："美，这是人人都知道的，但是对于美的看法，并不是所有人都相同的。同是一个东西，有的人会认为美，有的人却认为不美，甚至于同一个人，他对美的看法在生活过程中也会发生变化，原先认为美的，后来会认为不美；原先认为不美的，后来会认为美。所以美是物在人的主观中的反映，是一种观念。"②当然，吕荧自己并不认为他的观点是主观论的，因为他认为他所谓的观念是以现实生活为基础而形成的，其实都是社会的产物、社会的观念。所以他说："美是人的一种观念，而任何观念，都是以社会生活为基础而形成的，都是社会的产物，社会的观念。'经济发展是社会生活的物质基础，是它的内容，而法律——政治的和宗教的——哲学的发展却是这个内容的思想形式，是它的上层建筑'，美的观念也是如此。"③尽管在这里吕荧犯了逻辑上的错误，即将观念来源的客观性与观念的客观性混同了，但至少，他意识到自己关于美的观点并不完全是主观的。而对于高尔泰来说，他则是斩钉截铁地表明，美完全是主观的，他说："有没有客观的美呢？我的回答是否定的：客观的美并不存在。""事物之成

① 《展开对资产阶级唯心主义思想的批判》，《人民日报》(社论)1955年4月11日第1版。
② 吕荧：《美学书怀》，北京：作家出版社1959年版，第117页。
③ 吕荧：《美学书怀》，北京：作家出版社1959年版，第117页。

为美的，是因为欣赏它的人心里产生了美感……美和美感，实际上是一个东西。"①更进一步，他认为："美，只要人感受到它，它就存在，不被人感受到，它就不存在，要想超美感地去研究美，事实上完全不可能。"②吕荧和高尔泰的美学观念显然与市民社会中注重个体自由的普适性话语体系一脉相承，而这正是全能国家里伦理化的政治意识形态所要纠正、规训或排斥的。因此，吕荧很快由于替胡风鸣不平而丧失了话语权，没能参与到美学大讨论之中，高尔泰则因言获罪，被打成右派，下放到甘肃酒泉的夹边沟农场。

主客观统一派的朱光潜以不断地对自己进行批判及辩解来保持话语权。1949年之前，朱光潜主张："有审美的眼睛才能看到美"，"美感经验就是形象的直觉，美就是事物呈现形象于直觉时的特质"③。或者说，美在于心与物的关系上，他说："美不仅在物，亦不仅在心，它在心与物的关系上面……世间并没有天生自在、俯拾即是的美，凡美都要经过心灵的创造……创造是表现情趣于意象，可以说是情趣的意象化；欣赏是因意象而见情绪，可以说是意象的情趣化。美就是情趣意象化或意象情趣化时心中所觉到的'恰好'的快感。"④这跟吕荧、高尔泰等人的观点如出一辙，具有普适性价值的个体性审美自由，而且在《谈美》一书中，朱光潜还专门辟出一章讨论来自市民社会话语体系的"人生艺术化"问题，在该书的开篇，他说："我坚信中国社会闹得如此之糟，不完全是制度的问题，是大半由于人心太坏。我坚信情感比理智重要，要洗刷人心，并非几句道德家言所可了事，一定要从'怡情养性'做起，一定要于饱食暖衣、高官厚禄等之外，别有较高尚、较纯洁的企求。要求人心净化，先要求人生美化。"⑤在第十五章《人生的艺术化》中，他写道："严格地说，离开人生便无所谓艺术，因为艺术是情趣的表现，而情趣的根源就在人生；反之，离开艺术也便无所谓人生，因为凡是创造和欣赏都是艺术活动，无创造、无欣赏的人生是一个自相矛盾的名词。"⑥这种

---

① 高尔泰：《论美》，兰州：甘肃人民出版社1982年版，第2~3页。
② 高尔泰：《论美》，兰州：甘肃人民出版社1982年版，第34页。
③ 朱光潜：《朱光潜全集》第2卷，合肥：安徽教育出版社1987年版，第9、11页。
④ 朱光潜：《朱光潜全集》第1卷，合肥：安徽教育出版社1987年版，第346~347页。
⑤ 朱光潜：《朱光潜全集》第2卷，合肥：安徽教育出版社1987年版，第6页。
⑥ 朱光潜：《朱光潜全集》第2卷，合肥：安徽教育出版社1987年版，第90~91页。

追求净化人心、美化人心的理想就是"人生艺术化"的直接表达。

而 1949 年以后，朱光潜大量阅读了马克思主义者的著作，这些著作对他的影响是深刻的：他一方面对自己美学的唯心主义性质进行了无情的批判，另一方面又通过不断的辩论为自己辩护，通过辩论，他最后还是将美落实在"心物关系"上，但他强调，这种"心物关系"已不再是此前的主观唯心主义，而是建立在马克思主义之上的主观和客观的统一。① 而且，更为重要的是，他将美感分成了两个阶段：一般阶段和美感阶段。他举例说："例如画一棵梅花或是感觉到它美，首先就要通过感官，把它的颜色、形状、气味等认识清楚，认识到它是一棵梅花而不是一座山或一条牛，得到它的印象，这印象就成为艺术或美感的'感觉素材'。在这个阶段意识形态还不起作用。但是艺术或美感并不止于这个感觉阶段，它还要进入正式美感阶段或艺术加工阶段，也就是社会意识形态在感觉素材上起作用的阶段。例如画梅花不是替梅花照相，画家需经过一番'意匠经营'，它对于感觉素材有所选择，有所排弃，根据概括化和理想化的原则作新的安排和综合，甚至于有所夸张和虚构，在这种'意匠经营'之中，他的意识形态总和起着决定性的作用。"② 从一般感觉阶段到意识形态总和起作用，显然与其"人生艺术化"的表述有非常大的差异，由审美的个体性发展到由意识形态决定了审美。至此，朱光潜成功地将其 1949 年之前的普适性美学话语系统转换成了与总体性国家意识形态"搭调"的理论语言和理论系统。

在整个美学大讨论中，代表市民社会话语系统的"主观论者"要么被剥夺了参与美学讨论的话语权，要么被整合于总体性国家意识形态的框架内，而其他两派——蔡仪所代表的客观派与李泽厚所代表的客观社会派——也没有走出哲学认识论的框架，更没有逃离总体性国家意识形态的掌控。因此，20 世纪 50 年代的美学讨论热潮，其实是特定时代背景下两种理论话语——总体性国家意识形态话语与普适性市民社会话语——冲突的突出表征，也是葛兰西"文化领导权"理论的现实呈现。葛兰西"文化领导权"理论的核心之处在于市民社会的普适性文化

---

① 赵士林将朱光潜的这种策略看成是无奈之举，他说，朱光潜"将所谓'主观'反复地、巧妙地解释为马克思主义的实践的能动性与创造性，就抹去了主观的唯心主义色彩，而获得了马克思主义的意识形态的合法性"。参见赵士林：《对"美学热"的重新审视》，《文艺争鸣》2005 年第 6 期。

② 朱光潜：《朱光潜全集》第 5 卷，合肥：安徽教育出版社 1989 年版，第 66~67 页。

诉求与国家的阶级性权力体系间的领导权斗争。国家的阶级性质决定了政治权力要服务于统治阶级的利益诉求，其合法性论证的唯一依据就是一元化的意识形态，因此，为了保证统治阶级的利益，国家政治权力体系必然要在文化上排斥多元的、普适性的价值，进而也排斥以普遍人性为合法化原则、超越阶级伦理的文化诉求。代表无产阶级利益的阶级国家建立后，也要争取文化领导权，由于超越单一阶级利益的具有普适性价值诉求的话语（诸如审美化生活、个体自由等）可能会给统治性的意识形态带来合法性危机，总体性的国家权力必然会用各种方式对其加以规训或排斥。

总体化全能国家压缩了市民社会的存在空间，也排斥着市民社会的价值诉求，最终的结果是，总体性的国家意识形态话语体系全面压制了普适性的市民社会话语，文化领域的"政治社会化过程"宣告结束，文化领导权牢牢掌握在国家的手中。于是，马克思主义美学成为正统的意识形态话语。

第三节　美的盛典：审美与意识形态修成正果

第三次美学话语体系建构的热潮是在改革开放这一历史语境中出场的。在这次热潮中，有关共同美、形象思维及对《1844 年经济学哲学手稿》的讨论成为主导性的问题，此外，对西方美学思想的译介也有力地助攻了这次美学热。

1977 年，何其芳遗作《毛泽东之歌》在《人民文学》9 月号发表，率先披露了毛泽东生前有关"共同美"的个别谈话。在文中，何其芳写道："最后，毛主席谈了一个很重要的理论问题，美学问题。他说，各个阶级有各个阶级的美。也是上次那位插话几次的同志说：问题在于也有一些相同的。毛主席像是回答他的问题，也像是发表他思考的结果似的说：各个阶级有各个阶级的美。各个阶级也有共同的美。'口之于味，有同嗜焉。'这两次听毛主席谈话，我都感到讲了许多很重要的问题，但因为不是在正式的会议上，我都没有当场做笔记，而是准备回来追记，但毛主席讲了这段关于美的问题的话，我却忍不住从口袋里掏出笔记本来记上了。"[1]围绕着"共同美"的问题，旋即展开了热烈而深入的讨论。1978 年第 1

---

[1]　何其芳：《毛泽东之歌》，《人民文学》1977 年 9 月号。

期的《复旦学报》(复刊第一期)刊发了邱明正的《试论"共同美"》一文。在这篇文章中，邱明正将"共同美"予以理论化，给其下了一个定义："不同阶级的人们，甚至对立阶级的人们，对于同一审美对象，在一定条件下，可能产生相同或相近的审美感受，以及由此而得出相同或相近的审美评价。这就是所谓共同美。"①他并以非意识形态的自然美、具有意识形态属性的艺术予以证明，不同的阶级之间存在着"共同美"。该文发表后，引起了很大反响，既有陈东冠等学者发表文章与其商榷，也有胡惠林、钟子翱等学者从不同侧面支持"共同美"。

有关形象思维的大讨论，也源于毛泽东的一次谈话。1978 年《诗刊》第 1 期刊载了毛泽东 1965 年写给陈毅的一封谈论诗歌创作的信，毛泽东在信中指出："诗要用形象思维，不能如散文那样直说，所以比、兴两法是不能不用的。赋也可以用，如杜甫之《北征》，可谓'敷陈其事而直言之也'，然其中亦有比、兴。……宋人多数不懂诗是要用形象思维的，一反唐人规律，所以味同嚼蜡。……要作今诗，则要用形象思维方法，反映阶级斗争与生产斗争，古典绝不能要。"②这封信发表后，朱光潜、蔡仪、李泽厚等影响巨大的美学家都加入了关于"形象思维"问题的讨论，撰写了大量的研究论文，③ 这次美学话语体系建构热潮的序幕就此拉开。此后，各种美学书刊如雨后春笋般出现，④ 整个社会对美学

---

① 邱明正：《试论"共同美"》，《复旦学报》(社会科学版)1978 年第 1 期。

② 毛泽东：《给陈毅同志谈诗的一封信》，《诗刊》1978 年 1 月号。该文早些时候还登载于《人民日报》上，具体日期为 1977 年 12 月 31 日。

③ 据高建平先生考证，在关于"形象思维"的讨论中，在短时间内，复旦大学、四川大学、中国社科院等高校及科研院所编写了五六部有关"形象思维"问题的参考资料；朱光潜发表了三篇论"形象思维"的长文；蔡仪发表了以《批判反形象思维论》为代表的三篇论文，此后还一再提到形象思维问题；李泽厚在 1978—1979 也撰写了 4 篇有关形象思维的文章；出版于 1978 年 11 月的《美学》辑刊第一期，共收录了四篇论形象思维的文章和两篇与形象思维讨论有关的文章。具体可参见高建平：《改革开放 30 年与中国美学的命运》，《北方论丛》2009 年第 3 期。

④ 到 1981 年，美学大师们的著作已基本出版：比如朱光潜的《谈美书简》《美学拾穗集》《朱光潜美学文学论文选集》；李泽厚的《美学论集》《美的历程》；宗白华的《美学散步》等。这些具有代表性的著作被反复印行：《谈美书简》从 1980 年到 1984 年印了 4 次，共印 195000 册；《美的历程》在 1980—1984 印数约为 20 万册。同时，西方当代美学著作被大量地译介过来，在李泽厚的主持下，出版了《美学译林》《美学译文丛书》等几十种。对中国古典美学的研究也逐渐发展起来，比如施东昌的《先秦诸子美学思想述评》、叶朗的《中国小说美学》等。

倾注了极大的热情。① 无论是从规模和范围，或是广度和深度上，这一次美学话语体系建构的程度远远超过了前两次。

对于这次美学话语体系的建构，当前学术界比较有代表性的观点是这样认为的："美学热不仅是……而且是被压抑的感性生命解放的勃发形式。当思想解放以美学热的方式表征出来时，美学实际上成为当代新生命意识存在的浪漫诗意化的表达——对人自身感性存在意义的空前珍视和浪漫化想象。……美学成为了思想解放、价值重估、意义伸展的别名，甚至成为全民心灵狂欢的当代'仪式'。"② 该观点指出了 20 世纪 80 年代美学话语体系建构热潮的主题，即以人的感性生命解放（或者说人性解放）为前提，但没有看到其背后的引导性力量：市民社会与国家这两种力量之间的对立和协商。

1978 年开始的改革开放一定程度上淡化了此前总体性的全能国家对社会的全面控制，将一定的权力让渡给社会，因此，从这个意义上讲，改革开放也是一场"解总体化"的社会运动。改革开放使得市民社会再次获得了合法性，它能够在国家权力收缩腾出来的边缘地带生存，于是一个与总体国家相对应的社会空间再现活力，与此相对应，市民社会也必然会在文化、思想乃至政治体制等方面表达变革的诉求。然而，由于总体化国家在生活世界中的优势性存在（改革开放本身也是一种国家意志），市民社会的身份合法性只能以追随国家的方式才能实现，所以市民社会的权力诉求只能转化为非政治的文化叙事，审美这样一种具有普适性的理论话语又一次生逢其时，并被提升到了超越人性异化的高度，以表达出市民社会的伦理诉求乃至政治诉求，于是美学变成了"通过审美获得政治解放"的理论话语。所以在这次美学话语体系建构的热潮中，学术界谈论最多的就是人性、人道主义等话题。但面临的状况是：如果离主流话语太远，很多思想难以被大众所接受。鉴于此，无论是否为马克思主义话语体系中的学者，他们都开始重新阅读马克思的《1844 年经济学哲学手稿》（下文简称《手稿》），试图从中找到人

---

① 有关这次美学热的热度，李泽厚曾这样评论："70 年代末 80 年代初的'美学热'，'热'到工厂也请人讲美学，理工科学校也大开美学课，美学书刊占满书店好几个书架，十分突出。"李泽厚：《四个"热潮"之后？》，（香港）《二十一世纪》2000 年 10 月号，总第 61 期。

② 王岳川：《中国九十年代话语转型的深层问题》，《文学评论》1999 年第 3 期。

性论、人道主义的理论资源。

又是朱光潜率先扛起了人道主义的大旗，他于 1979 年发表了《关于人性、人道主义、人情和共同美问题》，并从《手稿》中寻找思想资源，把人性归结为人的自然本性，呼吁文艺创作要冲破人性、人道主义等禁区。他说："马克思《手稿》整部书的论述，都是从人性论出发，他证明人的本质力量应该尽量发挥，他强调的'人的肉体和精神两方面的本质力量'便是人性。马克思正是从人性论出发来论证无产阶级革命的必要性和必然性，论证要使人的本质力量得到充分的自由发展，就必须消除私有制。"①经过朱光潜的论证，人性论和阶级观点并不矛盾，其最终目的还是为无产阶级服务，而且二者是共性和特殊性的关系，文艺要反映具体的人性。人道主义也同样如此，它虽然是西方历史的产物，在不同时代具有不同的具体内容，但其核心思想"就是尊重人的尊严，把人放在高于一切的地位，因为人虽是一种动物，却具有一般动物所没有的自觉性和精神生活"②。在《手稿》中，"马克思不但没有否定过人道主义，而且把人道主义与自然主义的统一看作真正共产主义的体现"③。这些论断显然是朱先生试图用共产主义的"社会"来补充"国家"的文化缺失。到了 1980 年，《美学》第 2 期发表了朱光潜因不满意其他译文而从美学角度重新节译的《手稿》，同时集中刊发了 3 篇关于《手稿》的研究论文，分别是朱光潜的《马克思的〈经济学—哲学手稿〉中的美学问题》、郑涌的《历史唯物主义与马克思的美学思想》和张志扬的《〈经济学—哲学手稿〉中的美学思想》，从此引发了美学界持续多年的《手稿》研究热潮。在这次将《手稿》的思想转化为自己研究的思想资源的过程中，李泽厚无疑是最成功的。李泽厚在 20 世纪五六十年代美学大讨论中已经使用过《手稿》中"自然的人化"这一概念，到 1980 年发表《美学的对象和范围》时更进一步指出："马克思《经济学—哲学手稿》是从人的本质、从人类整个发展（异化和人性复归）中讲'人化的自然'，提到美的规律的。"因此他重申并强化了关于美学与"人"的关系问题："美的本质和人

---

①　朱光潜：《朱光潜全集》第 5 卷，合肥：安徽教育出版社 1989 年版，第 392 页。

②　朱光潜：《朱光潜全集》第 5 卷，合肥：安徽教育出版社 1989 年版，第 393 页。

③　朱光潜：《朱光潜全集》第 5 卷，合肥：安徽教育出版社 1989 年版，第 394 页。

的本质不可分割。离开人很难谈什么美。"①正是在这样的基础上，1981年他发表《康德哲学与建立主体性论纲》时，旗帜鲜明地提出人性问题，并认为"人性应该是异化了的感性和异化了的理性的对立面，它是感性与理性的统一，亦即自然性与社会性的统一"②。

在整个20世纪80年代美学话语体系建构的热潮中，类似朱光潜、李泽厚等学者以人道主义、人性解放为叙事主题的理论话语甚为常见，其实质就是表达超越国家主义的个体自由的愿景。但同样要看到，这些"宏大叙事"是在马克思的《手稿》所规定的框架内完成的，而且与对美的本质的追问密不可分，主要着眼点还在于从哲学、思想乃至政治领域声讨"文革"时期的非人道及专制的意识形态暴力。朱光潜等美学家所讨论的"人道""人性"也还是"大写的"、抽象的人，并没有落实到作为个体的人的自由、解放以及困扰个体的精神深层问题，所以才会出现1980年5月至年底《中国青年》等杂志上有关人生意义的大讨论。

因此，肇端于"共同美""形象思维"问题讨论的1980年代美学话语体系建构热潮，之所以将人性解放、人道主义等话语作为其叙事的主题，是因为再现活力的市民社会正努力寻求政治表达和伦理诉求，然而总体化的国家权力又是不可超越的，于是审美被寄托以政治任务，走向审美解放论，最终变成了一种"解放叙事"。可以说，20世纪80年代美学话语体系建构热潮的发生在很大程度上是一种革命政治热情的转移性释放，也是借助于美学启蒙探寻人性解放的一种思想策略。到了1980年代中后期，随着市民社会的日益壮大，其寻求文化领导权的诉求也越来越强烈，于是产生了表达市民社会政治诉求的"解放叙事"与国家一元论的意识形态权力的对立。然而，后者的力量显然要大于前者，解放论的美学话语也不得不服膺于国家的意识形态，二者之间的对立开始向协商的方向转化，并最终走向合作。这种"商谈伦理"的标志就是自此以后"审美意识形态"理论占据了主流话语地位，不过，与西方学术界的"审美"成为"意识形态"的理论内涵不

①　李泽厚：《美学的对象和范围》，载《美学》第3期，上海：上海文艺出版社1980年版，第17~18页。
②　李泽厚：《康德哲学与建立主体性论纲》，转引自中国社会科学院哲学研究所编：《论康德黑格尔哲学：纪念文集》，上海：上海人民出版社1981年版，第2页。

同，中国的"审美意识形态"则是独具特色的"审美"和"意识形态"联姻后所结出的果实。

此外，我们也必须意识到，在这次建构美学话语体系热潮的过程中，对西方美学思想的译介也起了非常大的作用，甚至在一定程度上可以说，当时很多哲学家艰深的哲学著作，都是以美学的名义被广为传播的。除了朱光潜等在阅读马克思的著作时自觉翻译如《手稿》等理论著作外，其他学者还积极译介20世纪西方哲学家、美学家的著作。如李泽厚主持译介的《美学译文丛书》，介绍西方现代美学名家、名著。各种西方美学思潮，如心理学美学（如阿恩海姆的《艺术与视知觉》）、现象学美学（杜夫海纳的《美学与哲学》）、符号学美学（苏珊·朗格的《情感与形式》）、西方马克思主义美学（卢卡奇的《审美特性》）等，都被译介进来。四川人民出版社的《走向未来丛书》、三联书店的《文化：中国与世界》、华夏出版社的《二十世纪文库》、上海译文出版社的《二十世纪西方哲学译丛》，以及商务印书馆出版的《汉译世界学术名著丛书》等都是当时积极译介西方思想的重要丛书。其中译介的海德格尔的《存在与时间》、萨特的《存在与虚无》、加缪的《西西弗神话》、伽达默尔的《美的现实性：作为游戏、象征、节日的艺术》等现象学、存在主义以及解释学著作，丰富了关于人性、人道主义讨论的理论资源，成为建构20世纪80年代美学话语体系重要的参照系。

如果要在今天多元文化的语境下追溯中国20世纪以来，学术界不断出现的美学话语体系建构热潮的原因，恐怕任何一个定论都很难令人信服，因为毕竟过去的一百多年，中国社会上演了太多次与美学相关的惊心动魄的事件。但是在纷繁复杂的原因中，一条主线清晰地贯穿其中：市民社会普适性的文化诉求与总体性国家意识形态之间的对立、协商与融合。可以说，一百多年来的美学理论话语的建构，从历史轨迹来看，正是市民社会普适性话语与总体性国家意识形态之间相互对立、协商、寻求融合的结果：1949年之前，市民社会的雏形已经在中国形成，"人生艺术化"等超阶级的普适性价值诉求成为市民社会寻求文化身份合法化的叙事实验；1949年以后，随着全能国家的建立，总体性国家意识形态占据了绝对的主导地位，市民社会的普适性价值诉求最终被整合进总体性国家意识形态之中；到1980年代"解总体化"的改革开放再次给予市民社会以生存条件，于是出现了审美解放论的学术狂欢。

后文所涉及的具有代表性的美学话语体系的建构，都是在上述历史逻辑脉络中展开的，在具体阐释时，并不一定严格按照时间的顺序分阶段展开，而是结合具体的社会语境予以分析。

第二章

生存论美学话语体系

——以宗白华为中心

在中国现代美学话语体系建构过程中，一个非常具有代表性的事件，是生存论意义上的美学话语体系的建构。这里的生存，不仅仅是指个体如何生存的问题，还涉及民族国家的文化如何存续的问题。在这一维度的话语体系建构中，宗白华以其独特的方法论，对中国古典美学思想资源做出了新的阐发，并由此提出了关于个体、民族生存的重大问题。

第一节　中国美学研究的方法论

方法论问题涉及用什么样的方式、方法来观察和处理研究对象。中国古典美学中，很多诗论、画论是基于艺术创作实践所作的感悟式总结，比如《二十四诗品》中的"典雅"一品中，"落花无言、人淡如菊"之类的表述，我们很难用逻辑的框架去理解，只能靠体悟的方式。因此，在美学进入中国之后，如何将传统的诗论、书论、画论以及诗话、词话以现代的学科术语予以重新表述，就成为中国现代美学话语体系建构的一个非常重要的问题。

事实上，早在 20 世纪初，王国维就试图运用西方的现代观念和眼光来重新思考中国传统的美学思想资源，并进行一种现代性的转换。比如他试图用"古雅""境界"等概念来尝试建立"中国的美学"，从而区别于西方以"美""模仿""表现""再现""创造"等观念为核心的美学知识系统。在王国维之后，一大批学者都以不同的方法对中国美学进行研究，蔡元培、朱光潜、宗白华、邓以蛰等对中国美学的发展贡献良多，而其中尤以宗白华对"中国的美学"的思考更具典范性。

　　1949年以后，宗白华通过其开设的课程，形成了有关中国美学研究的好几篇文章，① 在这些文章中，宗先生提出了研究中国美学的独特路径。他认为："中国美学有悠久的历史，材料丰富，成就很高，要很好地进行研究"②，要重视对中国人美感发展史的研究，比如对雕塑、象牙雕刻等装饰性的东西的研究，对青铜器、陶器上的颜色、花纹、图案的研究，特别是图案，因为很多龙凤之类的图案都不是对现实东西的模仿，但对中国人的现实生活影响很大，通过对这些东西的研究，能够理解中国人的美感形态。③ 同时，在研究过程中，"一方面要开发中国美学的特质，另一方面也要同西方美学思想进行比较研究，发现它们之间的联系和区别"④，也就是要求美学研究者能够"从比较中见出中国美学的特点"⑤。事实上，比较的方法也是宗白华自己一以贯之的美学研究方法，在《中国艺术意境之诞生》《中国诗画中所表现的空间意识》《中国艺术表现里的虚和实》《论中西画法的渊源与基础》《中西画法所表现的空间意识》等文章中，宗白华通过对中西方时空意识、宇宙观念的比较，重新发现了中国人独特的艺术趣味和审美风尚，并以其独特的美学话语言说方式，成就了"中国的美学"研究的典范。

　　宗白华对中西方思想、文化、艺术进行比较后，首先发现的是中西方宇宙观以及时空意识的差别。在他看来："中国人最根本的宇宙观是《易经》上所说的'一阴一阳之谓道'."随之而来的中国人的空间意识则是《易经》上所说的"无往不复，天地际也"⑥。而西方人由于发明了几何学和科学，"他们的宇宙观是一方面把握自然现实，他方面重视宇宙形象里的数理和谐性"⑦。其空间意识则是"站在固定的地点，由固定角度透视深空，他的视线失落于无穷，驰于无极"⑧。中西

---

　　① 如《中国美学史中重要问题的初步探索》《中国美学史专题研究》《关于美学研究的几点意见》《漫谈中国美学史研究》等。
　　② 宗白华：《宗白华全集》第3卷，合肥：安徽教育出版社1994年版，第592页。
　　③ 宗白华：《宗白华全集》第3卷，合肥：安徽教育出版社1994年版，第595页。
　　④ 宗白华：《宗白华全集》第3卷，合肥：安徽教育出版社1994年版，第617页。
　　⑤ 宗白华：《宗白华全集》第3卷，合肥：安徽教育出版社1994年版，第592页。
　　⑥ 宗白华：《宗白华全集》第2卷，合肥：安徽教育出版社1994年版，第434页。
　　⑦ 宗白华：《宗白华全集》第2卷，合肥：安徽教育出版社1994年版，第145页。
　　⑧ 宗白华：《宗白华全集》第2卷，合肥：安徽教育出版社1994年版，第436页。

方宇宙观和时空意识的不同所造成的对于自然的态度也就不同。西洋人是"站在固定的地点，由固定角度透视深空，他的视线失落于无穷，驰于无极。他对这无穷空间的态度是追寻的、控制的、冒险的、探索的。近代无线电、飞机都是表现这控制无限空间的欲望。而结果是彷徨不安，欲海难填"①。中国人对无尽空间的态度则是"如古诗所说的'高山仰止，景行行止，虽不能至，心向往之'。人生在世，如泛扁舟，俯仰天地，容与中流，灵屿瑶岛，极目悠悠……我们向往无穷的心，须能有所安顿，归返自我，成一回旋的节奏。我们的空间意识的象征不是埃及的直线甬道，不是希腊的立体雕像，也不是欧洲近代人的无尽空间，而是潆洄委曲，绸缪往复，遥望着一个目标的行程（道）！我们的宇宙是时间率领着空间，因而成就了节奏化、音乐化了的'时空合一体'"②。在大致写于1928—1930年的《形上学——中西哲学之比较》一文中，宗白华进一步阐释了中西方宇宙观念、时空观念的差异。在他看来，"中国出发于仰观天象、俯察地理之易传哲学与出发于心性命道之孟子哲学，可以贯通一气，而纯数理之学遂衰而科学不立。西洋出发于几何学天文学之理数的唯物宇宙观与逻辑体系，罗马法律可以贯通，但此理数世界与心性界，价值界，美学界，终难打通。而此遂构成西洋哲学之内在矛盾及学说分歧对立之主因"③。显然，中西方的形上学有各自的特点，存在着很大的差异："中国：天象地理，成（非结构）象之乾，效（有效果）法之坤，成阴阳二德……以二对立之生成原理，互通互感，以此成此一世界。西洋：天象地理，皆由几何学数理，一以贯之，以逻辑组成一个理论底体系（非生成过程）以解释此一世界。"④也就是说，在形上学方面，中国是阴阳相互对立又相互生成，和合而生成一个世界，而西方是一以贯之，用逻辑体系来解释一个世界。

进一步地，宗白华用"象征世界"与"概念世界"这一对概念来区别中国与西方的形上学，这其实也就是"象"与"数"的区别。宗白华写道："象＝是自足的，完形的，无待的，超关系的。象征，代表着一个完备的全体！数＝是依一秩序而

① 宗白华：《宗白华全集》第2卷，合肥：安徽教育出版社1994年版，第436页。
② 宗白华：《宗白华全集》第2卷，合肥：安徽教育出版社1994年版，第436~437页。
③ 宗白华：《宗白华全集》第1卷，合肥：安徽教育出版社1994年版，第608页。
④ 宗白华：《宗白华全集》第1卷，合肥：安徽教育出版社1994年版，第608页。

确定的，在一序列中占一地点，而受其决定。故'象'能为万物生成中永恒之超绝'范型'，而'数'表示万化流转中之永恒秩序。易，日月也，象如日月，使万物睹！……'象'为建树标准(范型)之力量(天则)，为万物创造之原型(道)，亦如指示人们认识它之原理及动力。故'象'如日，创化万物，明朗万物！……'象'由仰观天象，反身而诚以得之生命范型。如音乐家静聆其胸中之乐奏……象之构成原理，是生生条理。数之构成是概念之分析与肯定，是物形之永恒秩序底分析与确定。"①这里的表述，稍显晦涩，从对比中，将中西方形上学的根本区别展示了出来。"象"是使万事万物生成变化的"范型"，总是处于动与静、变与常的对立统一之中，这跟西方"数"的永恒秩序非常不同。在这个意义上，"象"与中国哲学中的"道"有某种类似。但"与道不同的是，道是宇宙万物的总根源，而象却没有一个总体上的、唯一的、最高的象，每一个具体事物的创化过程都与一个象相关，不同事物与不同的象相关。这种'生命范型'的象，不仅是万物产生的根源，也显示宇宙万物的意义。……在象本身中即存有一种'理'，即宗白华所谓'象之构成原理，是生生条理'。不过，这种'理'不是由理性所把握的，而是由情感和感性运用内省的形式(反身而诚)把握的。这可能是象与数之间的根本区别。"②

由于中西方的宇宙观、空间意识以及由此而来的对空间、自然的态度的不同，也就导致了中西方艺术的差异。以绘画为例，"中国画，真像一种舞蹈，画家解衣盘礴，任意挥洒。他的精神与着重点在全幅的节奏生命而不黏滞于个体形象的刻画。画家用笔墨的浓淡，点线的交错，明暗虚实的互映，形体气势的开合，谱成一幅如音乐如舞蹈的图案。物体形象固宛然在目，然而飞动摇曳，似真似幻，完全溶解浑化在笔墨点线的互流交错之中"③！从技法上看，中国画也不是以透视见长，"中国画的透视法是提神太虚，从世外鸟瞰的立场观照全整的律动的大自然，他的空间立场是在时间中徘徊移动，游目周览，集数层与多方的视

① 宗白华：《宗白华全集》第1卷，合肥：安徽教育出版社1994年版，第628~629页。
② 章启群：《百年中国美学史略》，北京：北京大学出版社2005年版，第117~118页。
③ 宗白华：《宗白华全集》第2卷，合肥：安徽教育出版社1994年版，第100页。

点谱成一幅超象灵虚的诗情画境"①。而西洋画由于以希腊雕刻和建筑为渊源与基础，所以其画"以'形式美'（即基于建筑美的和谐、比例、对称平衡等）及'自然模仿'（即雕刻艺术的特性）为最高原理，于是理想的艺术创作即系在模仿自然的实相中同时表达出和谐、比例、平衡、整齐的形式美"②。基于这样的绘画原理，西洋画特别重视看似客观的透视法，然而，"西画的景物与空间是画家立在地上平视的对象，由一固定的主观立场所看见的客观境界，貌似客观实颇主观"③。

绘画中所表现的中西方的心灵又是怎样的呢？宗白华说："古代希腊人心灵所反映的世界是一个 Cosmos（宇宙）。这就是一个圆满的、完成的、和谐的、秩序井然的宇宙。这宇宙是有限而宁静。人体是这大宇宙中的小宇宙。他的和谐、他的秩序，是这宇宙精神的反映……文艺复兴以来，近代人则视宇宙为无限的空间与无限的活动……中国绘画里所表现的最深的心灵究竟是什么？答曰，它既不是以世界为有限的圆满的现实而崇拜模仿，也不对世界作无尽的追求，烦闷苦恼，彷徨不安。它所表现的精神是一种'深沉静默地与这无限的自然，无限的太空浑然融化，体合为一'。它所启示的境界是静的，因为顺着自然法则运行的宇宙是虽动而静的，与自然精神合一的人生也是虽动而静的。它所描写的对象，山川、人物、花鸟、虫鱼，都充满着生命的动——气韵生动。"④从这种对比中，就显现出了中国人独特的艺术创造精神和审美风尚，而这种"意境"，正是根源于中国人独特的宇宙观和时空意识。

宗白华认为，由这种哲学观念出发，中国人成就了独特的艺术世界和审美世界。这个世界也就是他着力推崇的"意境"的世界，"意境"也是中国人哲学观念的表达，是对"道"的体验，因此，宗先生总结说："中国人对'道'的体验，是'于空寂处见流行，于流行处见空寂'，唯道集虚，体用不二，这构成中国人的生命情调

① 宗白华：《宗白华全集》第 2 卷，合肥：安徽教育出版社 1994 年版，第 110 页。
② 宗白华：《宗白华全集》第 2 卷，合肥：安徽教育出版社 1994 年版，第 105 页。
③ 宗白华：《宗白华全集》第 2 卷，合肥：安徽教育出版社 1994 年版，第 110 页。
④ 宗白华：《宗白华全集》第 2 卷，合肥：安徽教育出版社 1994 年版，第 44 页。

和艺术意境的实相。"①宗先生的这些表述正是中西方美学最根本的差异之处，同时也是"中国的美学"得以成立的最后根据。宗先生在其研究中也充分看到了这一点，所以他指出："俯仰往还，远近取与，是中国哲人的观照法，也是诗人的观照法。而这观照法表现在我们的诗中画中，构成我们诗画中空间意识的特质。"②

从以上对宗白华有关中国美学研究的简要梳理中，我们可以看到宗先生对于中国美学研究的独到阐发，这既归功于他对于中西方哲学、艺术思想的精深把握，同时也与他独特的研究方法紧密联系在一起，而后者，在建构中国式现代美学话语体系过程中，尤其应该引起我们的重视。

第二节　重释意境(上)

意境问题是中国美学和中国艺术最为核心的问题之一，意境学说自唐代诞生以来，③ 后世学者们对意境的阐释众说纷纭，王国维在《人间词话》中以境界来解释意境，产生很大的影响。对于这个在中国古典美学体系中占据重要地位的学说，宗白华也有自己独到的解释。

1943 年，宗白华在《时与潮文艺》创刊号上发表了《中国艺术意境之诞生》一文，1944 年 1 月，中国哲学会编辑出版的《哲学评论》第 8 卷第 5 期出版，其中刊登了宗白华《中国艺术意境之诞生》的增订稿，并有作者"附识"云："本文初稿曾在《时与潮文艺》创刊号发表，现重予删略增改，俾拙旨稍加清晰，以就正读者。"④从增删发表同一个主题的文章来看，宗白华对意境问题是非常重视的。

在增订稿的引言部分，宗白华交代了他之所以要关注意境问题的缘由，是因为这个问题与民族文化的生存紧密相关。经过五四运动的洗礼，再加上近代以来被动挨打的局面，知识阶层中，不少人对中国文化是悲观失望的。在这样的现实

---

① 宗白华：《宗白华全集》第 2 卷，合肥：安徽教育出版社 1994 年版，第 370 页。
② 宗白华：《宗白华全集》第 2 卷，合肥：安徽教育出版社 1994 年版，第 436 页。
③ 关于意境学说的诞生，参见叶朗：《中国美学史大纲》，上海：上海人民出版社 1985 年版，第 264~276 页。
④ 宗白华：《宗白华全集》第 2 卷，合肥：安徽教育出版社 1994 年版，第 356 页。

情况下，宗白华指出："历史上向前一步的进展，往往地伴着向后一步的探本究源……现代的中国站在历史的转折点。新的局面必将展开。然而我们对旧文化的检讨，以同情的了解给予新的评价，也更重要。"他认为，以同情的态度了解旧的民族文化，并给出新的解释，是学者们义不容辞的责任。

在中国文化中，审美、艺术是非常重要的组成部分，所以，"就中国艺术方面——这中国文化史上最中心最有世界贡献的一方面——研寻其意境……以窥探中国心灵的幽情壮采，也是民族文化的自省工作"①。那到底什么是意境？

宗白华认为，谈意境，必须与人联系在一起，人与世界的接触会有亲疏远近的关系，关系的层次也不一样，因此，可以形成五种境界：功利境界、伦理境界、政治境界、学术境界、宗教境界。各种境界所针对的是不同的关系，功利境界是为了满足生理的物质的需要，主于利；伦理境界则是因为人类群居生活中存在着共存互爱的关系，主于爱；政治境界由人群组合互制的关系而来，是主于权的；学术境界是因为人有穷研物理、追求智慧的需求，主于真；宗教境界则与人的终极关怀有关，有返璞归真、冥合天人的追求，主于神。② 他认为，在学术境界和宗教境界之间，还存在着一种境界，即艺术境界，它主于美，这个境界涉及人与世界的何种关系呢？宗白华说，艺术境界"以宇宙人生的具体物为对象，赏玩它的色相、秩序、节奏、和谐，借以窥见自我的最深心灵的反映；化实境而为虚境，创形象以为象征，使人类最高的心灵具体化、肉身化"③。显然，意境是客观自然世界与人的心灵相互融合的产物。袁济喜注意到了这段话所蕴含的宗白华阐释意境的独特之处，他写道："其一，是'赏玩'而不是认知外部世界，这就强调了意境审美的超功利特点；其二，是赏玩外部世界的色相、秩序、节奏、和谐这些形式要素，从而突出了意境审美的美感形式特征；其三，这种赏玩与审美是心灵世界与外部世界的相互作用，在意境的最深处，这种界限是泯然无迹，化为至一的，一方面，心灵具相化，另一方面具相亦心灵化。"④这显然不是传统的以古释古

---

① 宗白华：《宗白华全集》第 2 卷，合肥：安徽教育出版社 1994 年版，第 356~357 页。
② 宗白华：《宗白华全集》第 2 卷，合肥：安徽教育出版社 1994 年版，第 357~358 页。
③ 宗白华：《宗白华全集》第 2 卷，合肥：安徽教育出版社 1994 年版，第 358 页。
④ 袁济喜：《承续与超越：20 世纪中国美学与传统》，北京：首都师范大学出版社 2006 年版，第 177 页。

的做法，而是融入了近代西方形式美学的相关理论来对意境予以重新解释。

在阐释意境的相关观点时，宗白华经常引用清代画家方士庶的观点。方士庶说："山川草木，造化自然，此实境也。因心造境，以手运心，此虚境也。虚而为实，是在笔墨有无间——故古人笔墨具此山苍树秀，水活石润，于天地之外，别构一种灵奇。或率意挥洒，亦皆炼金成液，弃滓存精，曲尽蹈虚揖影之妙。"①宗白华认为，这是中国绘画的精粹，并声称他有关意境的所有想法，都只是对方士庶这几句话的阐明。

因此，意境的第一重规定性就是艺术家的心灵跟外在客观自然世界的交融，特别是艺术家的诗心和精神更具主体性地位。宗白华说："艺术家以心灵映射万象，代山川而立言，他所表现的是主观的生命情调与客观的自然景象交融互渗，成就一个鸢飞鱼跃、活泼玲珑、渊然而深的灵境；这灵境就是构成艺术之所以成为艺术的'意境'。"②这种"意境"，是"情和景交融互渗，因而发掘出最深的情，一层比一层更深的情，同时也透入了最深的景，一层比一层更晶莹的景；景中全是情，情具象而为景，因而涌现了一个独特的宇宙，崭新的意象，为人类增加了丰富的想象，替世界开辟了新境。正如恽南田所说'皆灵想之所独辟，总非人间所有'！这是我的所谓'意境'。'外师造化，中得心源。'唐代画家张璪这两句训示，是这意境创现的基本条件"③。

如果仅以"情景交融"界定意境学说的话，宗白华似乎并未脱离传统解释意境的窠臼，因为在中国美学传统中，一直强调自然客观世界与人心灵的交融，"物感""神思"等都是其中代表性的范畴。特别是到了王夫之和叶燮那里，以情景交融来界定意境，已经是非常成熟的理论了。比如王夫之认为"情不虚情，情皆可景，景非虚景，景总含情"④。对于王夫之来说，艺术的意境不等于孤立的情，也不等于孤立的景，只有二者相统一，才能构成意境。宗白华的意境学说显然不是对前人观点的总结，而是有自己的阐发，除了上文所说他融入了近代西方

---

① 宗白华：《宗白华全集》第2卷，合肥：安徽教育出版社1994年版，第357页。
② 宗白华：《宗白华全集》第2卷，合肥：安徽教育出版社1994年版，第358页。
③ 宗白华：《宗白华全集》第2卷，合肥：安徽教育出版社1994年版，第360页。
④ 转引自叶朗：《中国美学史大纲》，上海：上海人民出版社1985年版，第456页。

形式美学的相关观念外，还对意境的层次结构、意境创造与人格涵养、意境的特点、意境的哲学根源等都有深入的阐发。

首先，有没有最适合表达意境的媒介？答案是肯定的。宗白华认为，山水是最适合表达艺术意境的媒介。他写道："艺术意境的创构，是使客观景物作我主观情思的象征。我人心中情思起伏，波澜变化，仪态万千，不是一个固定的物象轮廓能够如量表出，只有大自然的全幅生动的山川草木，云烟明晦，才足以表象我们胸襟里蓬勃无尽的灵感气韵……山水成了诗人画家抒写情思的媒介，所以中国画和诗，都爱以山水境界作为表现和咏味的中心。和西洋自希腊以来拿人体做主要对象的艺术途径迥然不同。……艺术家禀赋的诗心，映射着天地的诗心。（《诗纬》云：'诗者天地之心。'）山川大地是宇宙诗心的影现；画家诗人心灵活跃，本身就是宇宙的创化，它的云卷云舒，好似太虚片云……空灵而自然！"①

其次，艺术意境的实现，不是凭空产生的，"端赖艺术家平素的精神涵养，天机的培植，在活泼泼的心灵飞跃而又凝神寂照的体验中突然地成就"②。宗白华列举了元代画家黄公望和宋代画家米友仁的说法，来佐证艺术家心灵的主体性。黄公望说："终日只在荒山乱石……意态忽忽，人不测其为何。又每往泖中通海处看急流轰浪，虽风雨骤至、水怪悲诧而不顾。"米友仁则说："画之老境，于世海中一毛发事泊然无着染。每静室僧趺，忘怀万虑，与碧虚寥廓同其流。"宗白华认为，黄公望的艺术精神类似古希腊的酒神狄奥尼索斯精神，米友仁的类似日神阿波罗精神，在这两种心境中完成的艺术作品当然是既空灵动荡又深沉幽渺的。③ 所以他断言："艺术境界的显现，绝不是纯客观地机械地描摹自然，而以'心匠自得为高'（米芾语）。尤其是山川景物，烟云变灭，不可临摹，须凭胸臆创构，才能把握全景。"④这里充分说明了在宗白华心目中，艺术家人格涵养对于艺术意境创构的重要性。其实，早在《中国艺术意境之诞生》发表的前两年，宗白华就以《世说新语》为资源，撰写了《论〈世说新语〉和晋人的美》一文，由此探

---

① 宗白华：《宗白华全集》第 2 卷，合肥：安徽教育出版社 1994 年版，第 360~361 页。
② 宗白华：《宗白华全集》第 2 卷，合肥：安徽教育出版社 1994 年版，第 361 页。
③ 宗白华：《宗白华全集》第 2 卷，合肥：安徽教育出版社 1994 年版，第 361 页。
④ 宗白华：《宗白华全集》第 2 卷，合肥：安徽教育出版社 1994 年版，第 361 页。

讨中国人的美感和艺术精神的特性。他认为，魏晋时期是最富有艺术精神的一个时代，"晋人以虚灵的胸襟、玄学的意味体会自然，乃能表里澄澈，一片空明，建立最高的晶莹的美的意境"①。"晋人艺术境界造诣的高，不仅是基于他们的意趣超越，深入玄境，尊重个性，生机活泼，更主要的还是他们的'一往情深'！无论对于自然，对探求哲理，对于友谊。"②就是因为魏晋时期，人们向外发现了自然，向内发现了自己的深情，所以才有了陶渊明、谢灵运山水诗的清新自然，有了王羲之的《兰亭序》、郦道元的《水经注》等优美的写景之作。

最后，艺术意境的创构是有层次结构的，至少包含三个层次：直观感相的模写、活跃生命的传达、最高灵境的启示。这三个层次也可以说是"写实"或"情胜之境"（情是心灵对于印象的直接反映）、"传神"或"气胜之境"（气势乃"生气远出"的生命）、"妙悟"或"格胜之境"（格是映射着人格的高尚格调）。宗白华认为，如果跟西方艺术作对比的话，印象主义、写实主义，相当于第一境层。浪漫主义倾向于生命音乐性的奔放表现，古典主义倾向于生命雕像式的清明启示，相当于第二境层。而象征主义、表现主义、后期印象派，则是第三境层。对于中国艺术来说，六朝以后，艺术的理想境界则是"澄怀观道"，在拈花微笑里领悟色相中微妙至深的禅境。"澄观一心而腾踔万象，是意境创造的始基，鸟鸣珠箔，群花自落，是意境表现的圆成。"③无论诗歌还是绘画，都是以此禅境为基调的，所以宗白华说："静穆的关照和飞跃的生命，构成艺术的两元，也是构成'禅'的心态"，这是因为"禅是动中的极静，也是静中的极动，寂而常照，照而常寂，动静不二，直探生命的本原"。因此，禅境是中国艺术意境的最终归属。宗白华总结说："中国艺术意境的创成，既须得屈原的缠绵悱恻，又须得庄子的超旷空灵。缠绵悱恻，才能一往情深，深入万物的核心，所谓'得其环中'。超旷空灵，才能如镜中花，水中月，羚羊挂角，无迹可寻，所谓'超以象外'。色即是空，空即是色，色不异空，空不异色，这不但是盛唐人的诗境，也是宋元人的

---

① 宗白华：《宗白华全集》第 2 卷，合肥：安徽教育出版社 1994 年版，第 270 页。
② 宗白华：《宗白华全集》第 2 卷，合肥：安徽教育出版社 1994 年版，第 272 页。
③ 宗白华：《宗白华全集》第 2 卷，合肥：安徽教育出版社 1994 年版，第 363 页。

画境。"①

第三节　重释意境(下)

中国艺术意境的结构，也有其自身的特点，宗白华认为，至少表现在以下三个方面：道、舞和空白。

宗白华认识到禅宗对于中国艺术意境之诞生的巨大影响，但禅宗毕竟是到唐朝才产生，为艺术意境奠基的，还应该是庄子。他说："庄子是具有艺术天才的哲学家，对于艺术境界的阐发最为精妙。在他是'道'，这形而上原理，和'艺'，能够体合无间。'道'的生命进乎技，'技'的表现启示'道'。"他以《庄子·养生主》中庖丁解牛的故事为例，进一步阐释"道"与"技"和"艺"的关系。对于庄子来说，"道"是统摄"技"的，是对"技"的超越。艺术创作也是如此，当艺术家进入"道"的境界时，就像解牛的庖丁一样，获得了创作的自由。所以宗白华说："'道'的生命和'艺'的生命，游刃于虚，莫不中音，合于桑林之舞，乃中经首之会。音乐的节奏是它们的本体。所以儒家哲学也说'大乐与天地同合，大礼与天地同节'。《易》云：'天地絪缊，万物化醇。'这生生的节奏是中国艺术境界的最后源泉。"②在宗白华看来，意境的本体性规定是"道"，按照老子的说法："道之为物，惟恍惟惚。惚兮恍兮，其中有象；恍兮惚兮，其中有物。窈兮冥兮，其中有精；其精甚真，其中有信。"因此，"道"绝不是空无，而是有和无、虚和实的统一，不能单凭我们的感觉来把握。如果没有"道"作为基底来支撑艺术家的"技"，那么艺术意境的其他属性也就无从谈起。所以他引用德国诗人诺瓦里斯和清代大画家石涛的观点说："德国诗人诺瓦里斯(Novalis)说：'混沌的眼，透过秩序的网幕，闪闪地发光。'石涛也说：'在于墨海中立定精神，笔锋下决出生活，尺幅上换去毛骨，混沌里放出光明。'艺术要刊落一切表皮，呈现物的晶莹真境。"③在宗白华看来，艺术是以形象表达艺术家的心灵与宇宙精神，那么艺术意

---

① 宗白华：《宗白华全集》第 2 卷，合肥：安徽教育出版社 1994 年版，第 364 页。
② 宗白华：《宗白华全集》第 2 卷，合肥：安徽教育出版社 1994 年版，第 364~365 页。
③ 宗白华：《宗白华全集》第 2 卷，合肥：安徽教育出版社 1994 年版，第 365~366 页。

境表现于作品，就要像诺瓦里斯所说的那样，透过秩序的网幕，使鸿蒙之理闪闪发光。而秩序的网幕则是由艺术家们通过点、线、光、色、形体或文字构成有机和谐的形式美，从而表出意境。这显然是"道"的至高的境界。因此，他接着说："意境是艺术家的独创，是从他最深的'心源'和'造化'的接触时突然的领悟和震动中诞生的，它不是一味客观的描绘，像一照相机的摄影。所以艺术家要能拿特创的'秩序、网幕'来把住那真理的闪光。音乐和建筑的秩序结构，尤能直接启示宇宙真体的内部和谐与节奏，所以一切艺术趋向音乐的状态、建筑的意匠。"①从宗白华的这些表述中，可见他对意境的理解，始终是与艺术家个体心性的涵养、人格境界的提升联系在一起的。而且，"道"与艺术家生命精神的养成、与中国人的日常生活都密切相关："中国哲学就是'生命本身'体悟'道'的节奏。'道'具象于生活、礼乐制度。'道'尤表象于'艺'。灿烂的'艺'赋予'道'以形象和生命，'道'给予'艺'以深度和灵魂。"②

　　除了"道"规定了艺术的意境以外，宗白华还独具慧眼地将"舞"作为一切艺术境界的典型，对于他来说，舞蹈是将深沉的静照与飞动的活力相结合、精神性与肉身性相融合的最好的一种艺术形式。"尤其是'舞'，这最高度的韵律、节奏、秩序，理性，同时是最高度的生命、旋动、力、热情，它不仅是一切艺术表现的究竟状态，且是宇宙创化过程的象征。艺术家在这时失落自己于造化的核心，沉冥入神，'穷元妙于意表，合神变乎天机'（唐代大批评家张彦远画语），'是有真宰，与之浮沉'（司空图《诗品》语），从深不可测的玄冥的体验中升化而出，行神如空，行气如虹。在这时只有'舞'，这最紧密的律法和最热烈的旋动，能使这深不可测的玄冥的境界具象化、肉身化。在这舞中，严谨如建筑的秩序流动而为音乐，浩荡奔驰的生命收敛而为韵律。艺术表演着宇宙的创化。"③传统美学家在论意境的时候，多以诗词绘画等为例来讨论，但宗白华认为，舞蹈更加重要，因为它表现宇宙的创化过程，显然是比诗词歌赋以及绘画更能揭示意境的内涵，而且有助于其他艺术门类的飞升，所以宗白华写道："唐代大书家张旭见公

---

①　宗白华：《宗白华全集》第 2 卷，合肥：安徽教育出版社 1994 年版，第 366 页。
②　宗白华：《宗白华全集》第 2 卷，合肥：安徽教育出版社 1994 年版，第 367 页。
③　宗白华：《宗白华全集》第 2 卷，合肥：安徽教育出版社 1994 年版，第 366 页。

孙大娘剑器舞而悟笔法,大画家吴道子请裴将军舞剑以壮气说:'庶因猛厉以通幽冥!'。"书法家和画家需要借助动势的、猛厉的舞蹈来获得灵感,从而"以通幽冥"。进而,宗白华以杜甫诗为例,来说明诗和舞的相互沟通。杜甫在《夜听许十一诵诗爱而有作》中有两句诗,被认为是诗的最高境界:"精微穿溟涬,飞动摧霹雳。"宗白华点评道:"前句是写沉冥中的探索……后句是指大气盘旋的创造,具象而成飞舞。深沉的静照是飞动的活力的源泉。反过来说,也只有活跃的具体的生命舞姿、音乐的韵律、艺术的形象,才能使静照中的'道'具象化、肉身化。"①

中国艺术意境结构中"舞"这一特点,其实也是对中国艺术的生命特性的反映。艺术是对宇宙生命的摹写,对于宗白华来说,宇宙生命是一种最强烈的旋动,显示一种最幽深的玄冥,这是与自我紧密联系在一起的,所以他说:"人类这种最高的精神活动,艺术境界与哲理境界,是诞生于一个最自由最充沛的深心的自我。这充沛的自我,真力弥满,万象在旁,掉臂游行,超脱自在,需要空间,供他活动。于是'舞'是它最直接、最具体的自然流露。'舞'是中国一切艺术境界的典型。"②他还认为,中国各类艺术都具有"舞"的特征:"中国的书法、画法都趋向飞舞。庄严的建筑也有飞檐表现着舞姿……天地是舞,是诗(诗者天地之心),是音乐(大乐与天地同和)。中国绘画境界的特点建筑在这上面。画家解衣盘礴,面对着一张空白的纸(表象着舞的空间),用飞舞的草情篆意谱出宇宙万形里的音乐和诗境。"③在《中国艺术表现里的虚和实》一文中,宗白华也写道:"中国的绘画、戏剧和中国另一特殊的艺术——书法,具有着共同的特点,这就是它们里面都是贯穿着舞蹈精神(也就是音乐精神),由舞蹈动作显示虚灵的空间。唐朝大书法家张旭观看公孙大娘剑器舞而悟书法,吴道子画壁请裴将军舞剑以助壮气。而舞蹈也是中国戏剧艺术的根基。"④由此可见,对于宗白华来说,舞作为意境结构的一个特点,在艺术意境的创构中,具有怎样的基础性

① 宗白华:《宗白华全集》第2卷,合肥:安徽教育出版社1994年版,第367页。
② 宗白华:《宗白华全集》第2卷,合肥:安徽教育出版社1994年版,第368~369页。
③ 宗白华:《宗白华全集》第2卷,合肥:安徽教育出版社1994年版,第369页。
④ 宗白华:《宗白华全集》第2卷,合肥:安徽教育出版社1994年版,第389页。

地位。

中国艺术意境结构的第三个特点就是"空白"。这里的"空白"，不是纯粹几何学意义上的空白，而是与所描绘的物象交融互渗所形成的虚实相生的效果。中国艺术之所以重视"空白"，还是与老庄哲学紧密相连。老子认为，天地之间充满了虚空，当然，这种虚空不是绝对的空无，而是充满了"气"，正是因为有这种虚空，才会有生命的运转，万物的流动。他说："三十辐共一毂，当其无，有车之用。埏埴以为器，当其无，有器之用。凿户牖以为室，当其无，有室之用。故有之以为利，无之以为用。"在老子看来，天地万物都是"有"和"无"、"虚"和"实"的统一，正是有了这种统一，万物才能流行运化、生生不息。后来庄子更进一步，提出"虚室生白""唯道集虚"的说法，正是在老庄思想的影响下，中国艺术走上了一条与西方截然不同的道路。后世的诗论、画论家，都强调虚实相生的道理，比如王夫之在《诗绎》里说："论画者曰，咫尺有万里之势，一势字宜着眼。若不论势，则缩万里于咫尺，直是《广舆记》前一天下图耳。五言绝句以此为落想时第一义，唯盛唐人能得其妙。如'君家住何处，妾住在横塘，停船暂借问，或恐是同乡'，墨气所射，四表无穷，无字处皆其意也！"笪重光言"虚实相生，无画处皆成妙境"等，都是强调艺术境界中虚空的重要性。艺术创作中也是如此，如马远就因为常常画一个角落而得名"马一角"，剩下的空白并不填实，空白可以是天空、大海、雪景，从而使空白处更有意味，整幅画灵气满溢、意蕴悠远。书法也要"疏处能走马，密处不透风"，要"计白当黑"。所以宗白华说："中国诗词文章里都着重这空中点染、传虚成实的表现方法，使诗境、词境里面有空间，有荡漾，和中国画面具同样的意境结构。"①

在宗白华看来，中国的诗词、绘画、书法等，之所以具有相同的意境结构，其根源在于中国人的宇宙意识。他再一次引用王船山的一段话，认为这段话能使我们领悟"中国艺术意境之诞生"的真谛。王船山说："唯此宦宦摇摇之中，有一切真情在内，可兴可观，可群可怨，是以有取于诗。然因此而诗则又往往缘景缘事，缘以往缘未来，经年苦吟，而不能自道。以追光蹑影之笔，写通天尽人之

---

① 宗白华：《宗白华全集》第 2 卷，合肥：安徽教育出版社 1994 年版，第 370 页。

怀,是诗家正法眼藏."宗白华认为,王夫之所谓的"追光蹑影之笔,写通天尽人之怀"道出了中国艺术最后的理想和最高的成就.[①] 中国画无论是其用笔,还是画面构图,乃至于物质载体,都是根植于中国心灵里的葱茏细缊、蓬勃生发的宇宙意识.所以他继续写道:"中国人感到这宇宙的深处是无形无色的虚空,而这虚空却是万物的源泉,万动的根本,生生不已的创造力……万象皆从空虚中来,向空虚中去.所以纸上的空白是中国画真正的画底……中国画底的空白在画的整个的意境上并不是真空,乃正是宇宙灵气往来,生命流动之处."[②]对于宗白华来说,中国艺术的"空白"和"虚空",并不是僵死的"物理的空间间架,俾物质能在里面移动,反而是最活泼的生命源泉"[③],"空寂中生气流行,鸢飞鱼跃,是中国人艺术心灵与宇宙意象'两镜相入'互摄互映的华严境界……艺术的境界,既使心灵和宇宙净化,又使心灵和宇宙深化,使人在超脱的胸襟里体味到宇宙的深境"[④].宗白华对于中国艺术中"空白"的论说,从现象描述到对"空白"背后中国人宇宙意识的分析,实在是抓住了中国艺术中"空白"的精髓.

"道""舞""空白"作为中国艺术意境结构的三个特点,并不是孤立的,而是处于相互联系的状态之中.首先,追求"空白",其实和"舞"是紧密地联系在一起的.宗白华说:"由舞蹈动作伸延,展示出来的是虚灵的空间,是构成中国绘画、书法、戏剧、建筑里的空间感和空间表现的共同特征,而造成中国艺术在世界上的特殊风格."[⑤]"舞"是需要条件的,中国艺术要实现"舞"的特征,在形式上就必须"留白",在内容上也得轻盈、通透、高逸,如果形式太满太实,内容太沉太重,就无法"舞"起来.

中国艺术意境中的"空白"又有利于"道"的运行.宗白华说:"在中国画的底层的空白里表达着本体的'道'(无朕境界).庄子曰:'瞻彼阕(空处)者,虚室生白.'这个虚白不是几何学的空间间架,死的空间,所谓顽空,而是创化万物的永恒的道.这'白'是'道'的吉祥之光……苏东坡也在诗里说:'静故了群动,空故

---

① 宗白华:《宗白华全集》第 2 卷,合肥:安徽教育出版社 1994 年版,第 371 页.
② 宗白华:《宗白华全集》第 2 卷,合肥:安徽教育出版社 1994 年版,第 45 页.
③ 宗白华:《宗白华全集》第 2 卷,合肥:安徽教育出版社 1994 年版,第 439 页.
④ 宗白华:《宗白华全集》第 2 卷,合肥:安徽教育出版社 1994 年版,第 372~373 页.
⑤ 宗白华:《宗白华全集》第 2 卷,合肥:安徽教育出版社 1994 年版,第 390 页.

纳万境.'这纳万境与群动的'空'即是道。即是老子所说'无',也就是中国画上的空间。"①在中国艺术意境的诞生中,"空白"和"道"之间存在着一种互为因果的关系。所以宗白华说:"在这种点线交流的律动的形象里面,立体的、静的空间失去意义,它不复是位置物体的间架。画幅中飞动的物象与'空白'处处交融,结成全幅流动的虚灵的节奏。空白在中国画里不复是包举万象位置万物的轮廓,而是溶入万物内部,参加万象之动的虚灵的'道'。画幅中虚实明暗交融互映,构成飘渺浮动的絪缊气韵。"②

综合起来看,宗白华将中国艺术意境的特点归结为"道""舞""空白",虽然有对王夫之、笪重光等前人的继承,但他将这三个特点与中国人的哲学观、宇宙意识联系起来,是一个重大的突破。在他看来,中国艺术以"气韵生动"为终始的对象,这种气韵生动也就是"生命的律动"。"中国画所表现的境界特征,可以说是根基于中国民族的基本哲学,即《易经》的宇宙观:阴阳二气化生万物,万物皆禀天地之气以生,一切物体可以说是一种'气积'(庄子:天,积气也)。这生生不已的阴阳二气织成一种有节奏的生命。中国画的主题'气韵生动',就是'生命的节奏'或'有节奏的生命'。"③这种"有节奏的生命"显然不是西方文化中的向外扩张的冲动,也不是指中国文化中的某种消极退让,而是向内或向纵深处的拓展,这种生命力不是表现为对外部世界的征服,而是表现为对内在意蕴的昭示。④中国艺术意境就诞生于这种生命力之中,"道"是生命之道,"舞"是生命之舞,"空白"更是生机盎然的空白。这显然与他对中国的民族文化以及西方文化的反思有关,也是他意境理论最终的指向,那就是做民族文化的自省工作,探讨中国心灵的幽情壮采。所以他发出喟叹:"近代文人的诗笔画境缺乏照人的光彩,动人的情致,丰富的意象,这是民族心灵一时枯萎的征象么?"⑤袁济喜对于宗白华的意境理论有着精到的评论,他说:"宗白华对于意境理论的推崇,并没有陷入对于中国文化的自恋情节之中不能自拔,而是站在世界文化一体的维度来

---

① 宗白华:《宗白华全集》第2卷,合肥:安徽教育出版社1994年版,第438页。
② 宗白华:《宗白华全集》第2卷,合肥:安徽教育出版社1994年版,第101页。
③ 宗白华:《宗白华全集》第2卷,合肥:安徽教育出版社1994年版,第109页。
④ 参见彭锋:《美学的感染力》,北京:中国人民大学出版社2005年版,第7页。
⑤ 宗白华:《宗白华全集》第2卷,合肥:安徽教育出版社1994年版,第101页。

观察中国传统美学的意境问题，他是基于对中国文化如何在西学东渐中崛起的忧患意识来考虑这一问题的……宗白华明确提出自己对于意境理论的解读，不是为阐说而阐说，而是借以窥探民族的心灵，出于民族文化的自省。这样，他的阐释就不是传统的训诂，也不是现代一些学人沾沾自喜的所谓'还原'（此类说法本身就值得怀疑），而是一种创造性的研究。"①这一评论的确指出了宗白华意境理论的重大贡献。

第四节　生存论美学话语体系的价值指向

以宗白华为代表的生存论美学话语体系的建构，看起来超然闲适，但实际上却具有强烈的忧患意识，他们所探讨的是个体和族群面临生存危机的时候，人们该如何面对的问题。带着这样的问题意识的美学话语系统，实际上与中国古代士大夫们所提倡的"文以载道"和"诗教"的传统密切相关。因此，生存论美学话语体系就从两个层面具有显著的特征：追求个体的诗意化生存，强调要实现人生的艺术化；强调艺术在民族、国家生存中的重要作用。

首先，从个体层面来看，强调人生的艺术化，或者说要建立起一种艺术化的人生观。面对五四运动前后，不少青年因旧学术、旧思想、旧信仰已经崩塌，而新的尚未建立起来所产生的空虚、彷徨无措的心理状态，宗白华写了《青年烦闷的解救法》一文，在文中，他提出了三种解救办法：唯美的眼光、研究的态度、积极的工作。他首推唯美的眼光，而所谓"唯美的眼光，就是我们把世界上社会上各种现象，无论美的，丑的，可恶的，龌龊的，伟丽的自然生活，以及鄙俗的社会生活，都把他当作一种艺术品看待——艺术品中本有表写丑恶的现象的——因为我们观览一个艺术品的时候，小己的哀乐烦闷都已停止了，心中就得着一种安慰，一种宁静，一种精神界的愉乐……我们要持纯粹的唯美主义，在一切丑的现象中看出他的美来，在一切无秩序的现象中看出他的秩序来，以减少我们厌恶烦恼的心思，排遣我们烦闷无聊的生活……总之，就是把我们的一生生活，当作

---

① 袁济喜：《承续与超越：20世纪中国美学与传统》，北京：首都师范大学出版社 2006 年版，第 174~175 页。

一个艺术品似的创造。这种'艺术式的人生'，也同一个艺术品一样，是个很有价值、有意义的人生"①。在这里，他强调了"艺术式的人生"可以从两个层面来实现，一是将所有社会现象当作艺术品来看待，另一个是将生活当作艺术品来创造。

同样发表于1920年的《新人生观问题的我见》一文中，他再一次强调了树立艺术化人生观的重要性。这是因为大多数老百姓活得浑浑噩噩，没有精神生活。他写道："我看见现在社会上一般的平民，几乎纯粹是过一种机械的，物质的……生活，还不曾感觉到精神生活，理想生活，超现实生活……的需要。"之所以如此，他认为是由于物质生活的匮乏、生存的艰难所致，欲改变此现状，需要给人们确立一种人生观，因为在中国传统的文化系统中，受孔孟老庄哲学的影响，一般人大半还没有人生观，只有两种生活倾向：现实人生主义和悲观命定主义。那么新的人生观该如何建立呢？宗白华认为有两条途径：科学的途径和艺术的途径。但"科学是研究客观对象的。他的方法是客观的方法，他把人生生活当作一个客观事物来观察，如同研究无机现象一样。这种方法，在人生观上还不完全，因为我们……自己就是'人生'，就是'生活'"②。因此，还可以从自己的角度，用主观自觉的方法来领悟人生生活的内容和作用，也就是艺术的人生观。什么叫艺术的人生观呢？"艺术人生观就是从艺术的观察上推察人生生活是什么，人生行为当怎样？我们知道，艺术创造的过程，是拿一件物质的对象，使它理想化，美化。我们生命创造的过程，也仿佛是由一种有机的构造的生命的原动力，贯注到物质中间，使他进成一个有系统的有组织的合理想的生物。我们生命创造的现象与艺术创造的现象，颇有相似的地方。我们要明白生命创造的过程，可以先去研究艺术创造的过程。艺术家的心中有一种黑暗的、不可思议的艺术冲动，将这些艺术冲动凭借物质表现出来，就成了一个优美完备的合理想的艺术品。"③宗白华也意识到，这种人生观实际上不能像科学的人生观那样得到实证，只能作艺术创造过程的推想。但作为个体，每个人都可以抱持这种人生观，在此之上建

---

①　宗白华：《宗白华全集》第1卷，合肥：安徽教育出版社1994年版，第179页。
②　宗白华：《宗白华全集》第1卷，合肥：安徽教育出版社1994年版，第206页。
③　宗白华：《宗白华全集》第1卷，合肥：安徽教育出版社1994年版，第207页。

立一种艺术的人生态度。何谓艺术的人生态度？"这就是积极地把我们人生的生活，当作一个高尚优美的艺术品似的创造，使他理想化，美化。艺术创造的手续，是悬一个具体的优美的理想，然后把物质材料照着这个理想创造去。我们的生活，也要悬一个具体的优美的理想，然后把物质材料照着这个理想创造去。艺术创造的作用，是使他的对象协和，整饬，优美，一致。我们一生的生活，也要能有艺术品那样的协和，整饬，优美，一致。总之，艺术创造的目的是有一个优美高尚的艺术品，我们人生的目的是有一个优美高尚的艺术品似的人生。"①

　　在其影响深远的《论〈世说新语〉和晋人的美》一文中，宗白华再一次借魏晋时期的"人物品藻"来推崇"人生的艺术化"以及"唯美的人生态度"。他认为，晋人艺术境界的高超，与他们的自由灵魂相关，更与其对自然、对哲理、对友谊的"一往情深"有关，正是因为这种深情，才有精神上的解放、自由。他说："这种精神上的真自由、真解放，才能把我们的胸襟像一朵花似的展开，接受宇宙和人生的全景，了解它的意义，体会它的深沉的境地。"②当晋人以这种超脱的态度来赏玩生活时，宗白华将他们称之为"唯美的人生态度"。他认为这种人生态度可以体现在两个方面："一是把玩'现在'，在刹那的现量的生活里求极量的丰富和充实，不为着将来或过去而放弃现在的价值的体味和创造……二则美的价值是寄于过程的本身，不在于外在的目的，所谓'无所谓而为'的态度。"③对于这两个方面，他引用了《世说新语》中两个非常著名的人物品藻的例子，主人公都是大书法家王羲之的第五子王徽之（王子猷）。关于"把玩现在"，是说王子猷种竹的故事，王子猷曾经暂住于朋友的空宅之中，他让人来种竹子，有人就问他，你只是暂时居住而已，为何要添这个麻烦呢？子猷听后，指着竹子说："何可一日无此君？"这是对当下精神满足的要求。关于美的价值在于过程本身，是说子猷雪夜见朋友的事情："王子猷居山阴。夜大雪，眠觉开室命酌酒，四望皎然。因起彷徨，咏左思《招隐》诗。忽忆戴安道，时戴在剡，即便乘小船就之。经宿方至，造门不前而返。人问其故，王曰：'吾本乘兴而来，兴尽而返，何必见戴？'"这种率

---

① 宗白华：《宗白华全集》第 1 卷，合肥：安徽教育出版社 1994 年版，第 207~208 页。
② 宗白华：《宗白华全集》第 2 卷，合肥：安徽教育出版社 1994 年版，第 274 页。
③ 宗白华：《宗白华全集》第 2 卷，合肥：安徽教育出版社 1994 年版，第 279 页。

性任情、潇洒放旷的生活态度，今天读来仍然令人动容，所以宗白华评论说："这截然地寄兴趣于生活过程的本身价值而不拘泥于目的，显示了晋人唯美生活的典型。"①

因此，从个体层面来看，生存论的美学话语体系强调"唯美的人生态度""人生的艺术化"，这些命题实际上涉及人生的态度、方式、理想等各方面，它追求人生的审美超越和人格的审美建构，在自由的精神中尊重个性，也就是说，要将个体的生命安顿在审美的自由的升华之中。

其次，生存论美学话语体系的建构，另一个特征是与民族文化存续的问题密切相关。正如上文所述，宗白华之所以对中国艺术意境之诞生尤为上心，是因为他要通过对意境的探讨，来揭示中国心灵的幽情壮采，了解中国文化史上对世界最有贡献的方面，也就是对自己的民族文化做自省的工作。事实上，早在1935年所发表的《唐人诗歌中所表现的民族精神》一文中，宗白华就借唐代诗歌的历史发展状况，讲述文学与民族的关系。他认为，民族的盛衰存亡，都系于那个民族有无"自信力"，而民族的"自信力"，也就是民族精神的表现与发扬，有赖于文学的熏陶。原因就在于："文学是民族的表征，是一切社会活动留在纸上的影子；无论诗歌、小说、音乐、绘画、雕刻，都可以左右民族思想的。它能激发民族精神，也能使民族精神趋于消沉。就从我国的文学史来看：在汉唐的诗歌里都有一种悲壮的胡笳意味和出塞从军的壮志，而事实上证明汉唐的民族势力极强。晚唐诗人耽于小己的享乐和酒色的沉醉，所为歌咏，流入靡靡之音，而晚唐终于受外来民族契丹的欺侮。有清（一代）中落以后，桐城派文学家姚姬传提倡文章的作法——'阳刚阴柔'之说，曾国藩等附和之，那一个时期中国文坛上，都充满着阴柔的气味，甚至近代人林琴南、马其昶等还'守此不堕'，而铁一般的事实证明咱们中国从姚姬传时代到林琴南时代，受尽了外人的侵略，在邦交上恰也竭尽了柔弱的能事！由此看来，文学能转移民族的习性，它的重要，可想而知了。"②所以他紧接着就从唐代诗坛的特质与其时代背景出发，分别分析了初唐、盛唐及晚唐诗坛的代表性人物的代表性作品。在他看来，初唐诗人们，"能一洗

---

① 宗白华：《宗白华全集》第2卷，合肥：安徽教育出版社1994年版，第279页。
② 宗白华：《宗白华全集》第2卷，合肥：安徽教育出版社1994年版，第121~122页。

六朝靡靡的风气，他们都具有高远的眼光，把握着现实生活努力，他们都有投笔从戎、立功海外的壮志，抒写伟大的怀抱，成为壮美的文学"①。到了盛唐，无论是著名的还是不知名的诗人，对于歌咏民族战争，都很有兴趣，宗先生特别认为，"出塞曲"，就是民族诗歌的结晶："上至掌握国事的政治家，统率军队的武人，下至贩夫走卒，以及不知名姓的鄙人，也会作一两首关于民族斗争的诗歌。他们都以'出塞诗'为主题，'出塞曲'在当时诗坛上占着极重要的位置……可称'出塞曲'为唐代民族诗歌的结晶品。"②而晚唐诗坛，再没有了初唐、盛唐的气象，"充满着颓废、堕落及不可救药的暮气；他们只知道沉醉在女人的怀里，呻吟着无聊的悲哀"③。因此，宗白华认为，晚唐诗人们在国家生死存亡的关头，在千百万老百姓流离失所的时候，只管自己的享乐，忘却大众的痛苦，尚在那里咏叹"十年一觉扬州梦，赢得青楼薄幸名"，这就失掉了诗人的人格了。宗白华对于晚唐诗人们的批评，着眼的还是民族精神的存续的问题。

在1941年发表的影响巨大的《论〈世说新语〉和晋人的美》一文中，宗白华更是借此文探讨中国人的民族精神，该文原刊于1941年1月的《星期评论》第10期，修订后又于4月28日发表于《时事新报·学灯》第126期，并于文章正文前附了"作者识"，其中写道："秦汉以来，一种广泛的'乡愿主义'支配着中国精神和文坛已两千年。这次抗战中所表现的伟大热情和英雄主义，当能替民族灵魂一新面目。在精神生活上发扬人格底真解放，真道德，以启发民众创造的心灵，普俭的感情，建立深厚高阔、强健自由的生活，是这篇小文的用意，环视全世界，只有抗战中的民族精神是自由而美的了！"④在编辑后语中，他也再一次强调了这篇文章的重要性，他写道："我们设若要从中国过去一个同样混乱、同样黑暗的时代中，了解人们如何追求光明，追求美……化苦闷而为创造，培养壮阔的精神人格，请读完编者这篇小文。"⑤那么，这篇文章到底写了什么，能够上升到民族精神的永续问题上呢？开篇，宗白华就给魏晋时代定了性："汉末魏晋六朝是中

---

① 宗白华：《宗白华全集》第2卷，合肥：安徽教育出版社1994年版，第123~124页。
② 宗白华：《宗白华全集》第2卷，合肥：安徽教育出版社1994年版，第132页。
③ 宗白华：《宗白华全集》第2卷，合肥：安徽教育出版社1994年版，第137页。
④ 宗白华：《宗白华全集》第2卷，合肥：安徽教育出版社1994年版，第267页。
⑤ 宗白华：《宗白华全集》第2卷，合肥：安徽教育出版社1994年版，第286页。

国政治上最混乱、社会上最苦痛的时代，然而确是精神史上极自由、极解放，最富于智慧、最浓于热情的一个时代。因此，也就是最富有艺术精神的一个时代……这是强烈、矛盾、热情、浓于生命彩色的一个时代。"①进而，他从几个方面细数了魏晋人的美感和艺术精神的特性：魏晋人生活上、人格上的自然主义和个性主义，解脱了汉代儒教统治下的理法束缚；山水美的发现和晋人的艺术心灵；晋人艺术境界造诣的高超，不仅基于他们的意趣超越，深入玄境，尊重个性，生机活泼，更主要的还是他们的"一往情深"；魏晋时代人的精神是最哲学的，因为是最解放的、最自由的；晋人之美，美在神韵；晋人的美学是"人物的品藻"；晋人的道德观和理法观在于"仁"，在于"恕"，在于人格的优美。

抗日战争胜利后，宗白华再一次追问中国文化到底往何处去的问题。在1946年发表的《中国文化的美丽精神往哪里去》一文中，他援引泰戈尔的一段话，并对这段话进行了解释。泰戈尔说："世界上还有什么事情，比中国文化的美丽精神更值得宝贵的？中国文化使人民喜爱现实世界，爱护备至，却又不致陷于现实得不近情理！他们已本能地找到了事物的旋律的秘密。不是科学权利的秘密，而是表现方法的秘密。这是极其伟大的一种天赋。因为只有上帝知道这种秘密。我实妒忌他们有此天赋，并愿我们的同胞亦能共享此秘密。"宗白华解释道，从四时的运行、万物的化育中，中国哲人体验到了宇宙间生生不息的节奏，也就是泰戈尔所谓的"事物的旋律的秘密"。而这种旋律渗透进日常生活里，使我们的生活表现出礼与乐，创造社会的秩序与和谐，并将这旋律装饰到日常器皿上，使形而下之器启示着形而上之道，这也就是泰戈尔所谓的"表现方法的秘密"。但是，这种生生的节奏，这种旋律的秘密，由于被动挨打，受人欺侮，知识阶层不再相信传统的文化精神了，而弃之如敝屣。宗白华痛心疾首地呼吁："中国民族很早发现了宇宙旋律及生命节奏的秘密，以和平的音乐的心境爱护现实，美化现实，因而轻视了科学工艺征服自然的能力。这使我们不能解救贫弱的地位，在生存竞争剧烈的时代，受人侵略，受人欺侮，文化的美丽精神也不能长护了，灵魂粗野了，卑鄙了，怯懦了，我们也现实得不近情理了。我们丧尽了生活里旋律的美

① 宗白华：《宗白华全集》第2卷，合肥：安徽教育出版社1994年版，第267～268页。

（盲动而无秩序）、音乐的境界（人与人之间充满了猜忌、斗争）。一个最尊重乐教、最了解音乐价值的民族没有了音乐。这就是说没有了国魂，没有了构成生命意义、文化意义的高等价值。中国精神应该往哪里去?"①这是振聋发聩的追问，即使距该文发表快 80 年了，我们也很难说"宗白华之问"失去了其意义和价值。

　　无论是着眼于个体的艺术化生存，还是民族文化精神的延续，以宗白华的美学思想为代表的生存论美学所建构的话语体系都是一个重要的范式，接续了传统，又开启了现代。钱理群先生在评价 20 世纪知识分子的时候说过这样一段话，通过"对 20 世纪中国知识分子历史动向的剖析，就会发现，绝大多数的中国现代知识分子的人生态度都是积极进取的。……深受儒、佛、道思想影响的作家，如许地山、丰子恺、夏丏尊等，也都关心国家与民族命运，苦于奋斗，成为不争的斗士，柔弱的强者"②。这种评价不仅适用于作为作家的丰子恺、许地山等人，同样也适用于宗白华。在建构其美学话语体系的过程中，宗白华意识到要改变积贫积弱的中国，要改造社会，只有先改变人心，塑造完美的人格，他对艺术、对审美的重视，对中国古典美学中一些核心概念的重释，其最终落脚点都在于改变当时国人精神委顿、生命力匮乏的状态，通过成就圆满的人格，从而实现国家和民族的富强。从这一点上，可以说宗白华是与当时的学术思潮保持着高度一致的。

---

　　① 宗白华：《宗白华全集》第 2 卷，合肥：安徽教育出版社 1994 年版，第 402~403 页。
　　② 钱理群：《心灵的探寻》，石家庄：河北教育出版社 2002 年版，转引自张竟无编：《佛门三子文集：丰子恺集》，北京：东方出版社 2008 年版，扉页。

第三章

认识论美学话语体系

——以朱光潜为中心

认识论美学是把美学置于哲学认识论框架内去讨论或认为美学的基本问题是认识论问题的美学理论。这一派理论将美和美感分别看成认识的对象和认识主体的感受、经验，着重研究美的认识根源、特征等，其实质是认识论哲学在美学中的延伸。认识论美学的核心是研究人的认识在美的发生、发展、创造中的作用，并借助哲学认识论的术语、命题、框架和逻辑来解释美。在 20 世纪中国现代美学话语体系的建构中，认识论美学占据了非常重要的地位，最具说服力的是 20 世纪五六十年代的美学大讨论，尽管涌现出了主观派、客观派、主客观统一派和客观社会派四大派，但无一例外，都是在认识论哲学的框架内讨论美学问题。在认识论美学话语体系的建构中，尤以朱光潜先生的影响和贡献最大，本章以朱光潜先生建立其美学话语体系的努力为例，探讨认识论美学建构起了怎样的话语体系。

第一节　朱光潜美学的中西思想资源

在中国现代美学史上，朱光潜影响很大，可以说，20 世纪的很多年轻人就是读着朱光潜的著作从而对美学产生兴趣的。朱光潜在美学领域取得的巨大成就，跟他所受到的中西方教育密切相关。

《文艺心理学》的开篇有一篇作者自白，朱光潜在该文中详细分析了自己之所以走上美学研究道路的原因："从前我绝没有梦想到我有一天会走到美学的路上去。我前后在几个大学里做过十四年的学生，学过许多不相干的功课，解剖过鲨鱼，制造过染色切片，读过建筑史……用过熏烟鼓和电气反应表测验心理反应，可是我从来没有上过一次美学课。我原来的兴趣中心第一是文学，其次是心理学，第三是哲学。因为喜欢文学，我被逼到研究批评的标准、艺术与人生、艺术与自然、内容与形式、语文与思想诸问题；因为喜欢心理学，我被逼到研究想象与情感的关系、创造和欣赏的心理活动以及趣味上的个别的差异；因为喜欢哲学，我被逼到研究康德、黑格尔和克罗齐诸人讨论美学的著作。这么一来，美学便成为我欢喜的几种学问的联络线索了。"①因此，美学成了链接文学、艺术、心理学和哲学的重要学科。

从朱光潜的美学著作来看，他的美学研究的一个突出特点是中西融会、古今沟通，这当然得益于他对中西方思想资源的熟稔。朱光潜后来在反思自己的思想来源时明确指出："少时受过封建私塾教育，读过一些中国旧书，培养了爱好文学特别是诗词的趣味。成年后长期留学英、法和游历德、意诸国，接触到西方科学、哲学、文艺和历史，可是对与这几门学问都有密切关系的美学，虽然特别感兴趣，却没有正式选过美学课，但读的书多半是美学方面的。"②因此，朱光潜的美学思想是"与中国过去封建的文艺思想，与欧美的哲学、美学、心理学和文艺批评各方面的思想，都有千丝万缕的联系"③。

朱光潜作为桐城人，显然深受桐城派的影响，从小接受的也是私塾教育。在其所写的自传中，他回忆道："父亲是个乡村私塾教师。我从六岁到十四岁，在父亲鞭挞之下受了封建私塾教育，读过而且大半背诵过四书五经、《古文观止》和《唐诗三百首》，看过《史记》和《通鉴辑览》，偷看过《西厢记》和《水浒》之类旧小说，学过写科举时代的策论时文。到十五岁才入'洋学堂'（高小），当时已能写出大致通顺的文章。在小学只待半年，就升入桐城中学。这是桐城派古文家吴汝纶创办的，所以特重桐城派古文，主要课本是姚惜抱的《古文辞类纂》，按教师的传授，读时一定要朗诵和背诵，据说这样才能抓住文章的气势和神韵，便于

---

① 朱光潜：《朱光潜全集》第 1 卷，合肥：安徽教育出版社 1987 年版，第 200 页。
② 朱光潜：《朱光潜美学文集》第 1 卷，上海：上海文艺出版社 1982 年版，第 16 页。
③ 朱光潜：《朱光潜全集》第 5 卷，合肥：安徽教育出版社 1989 年版，第 12 页。

自己学习作文。我从此就放弃时文，转而摸索古文。我得益最多的国文教师是潘季野，他是一个宋诗派的诗人，在他的熏陶之下，我对中国旧体诗养成了浓厚的兴趣。一九一六年中学毕业，在家乡当了半年小学教员。"①这段话非常清晰地交代了他所接受的中国古典教育的线索。

我们都知道，传统的私塾教育，非常注重诵读，朱光潜所接受的教育也不例外，在《从我怎样学国文说起》一文中，他对这种教育方式记忆犹新："私塾的读书程序是先背诵后讲解。在'开讲'时，我能了解的很少，可是熟读成诵，一句一句地在舌头上滚将下去，还拉一点腔调，在儿童时却是一件乐事。这早年读经的教育我也曾跟着旁人咒骂过，平心而论，其中也不完全无道理。我现在所记的书大半还是儿时背诵过的，当时虽不甚了了，现在回忆起来，不断地有新领悟，其中意味确是深长。"②诵读对于音节、韵律的把握非常有用，从诵读出发来领会作者的精神实质，进而涵养性情，这种教育方式对于朱光潜古典修养具有重要的浸润作用。

此外，朱光潜在十岁左右的时候，父亲开始让他做策论经义这种科举式的写作训练，这种训练锻造了他的思想。他说："我从十岁左右起到二十岁左右止，前后至少有十年的光阴都费在这种议论文上面。这训练造成我的思想的定型，注定我的写作的命运。我写说理文很容易，有理我都可以说得出，很难说的理我能用很浅的话说出来。这不能不归功于幼年的训练。但是就全盘计算，我自知得不偿失。在应该发展想象力的年龄，我的空洞的头脑被歪曲到抽象的思想工作方面去，结果我的想象力变成极平凡，我把握不住一个有血有肉有光有热的世界，在旁人脑里成为活跃的戏景画境的，在我脑里都化为干枯冷酷的理。"③这种学术训练使他能够将道理深入浅出地表达出来，这也是朱光潜的著作之所以能够在今天仍然吸引年轻人去阅读的重要原因。

中国的古典文学和哲学著作，朱光潜阅读了很多，但他自己明确表示，最钟爱且给他影响最大的书籍，"不外《庄子》《陶渊明集》和《世说新语》这三部

---

① 朱光潜：《朱光潜全集》第1卷，合肥：安徽教育出版社1987年版，第1页。
② 朱光潜：《朱光潜全集》第3卷，合肥：安徽教育出版社1987年版，第439页。
③ 朱光潜：《朱光潜全集》第3卷，合肥：安徽教育出版社1987年版，第441页。

书以及和它们有些类似的书籍"①。通过对这些作品的阅读,他逐渐形成了关于"魏晋人"的人格理想,即"超然物表""恬淡自守""清虚无为"以及独享静观与玄想乐趣。

当然,接受古典教育的朱光潜虽然当时偏居桐城一隅,但是他不仅仅接受旧识,还对新知非常上心。他记述道,他有个族兄也是对知识充满了渴望的人,每年都会从离他们家二三十里地的牛王集买一批书籍回来,而这个族兄又相当慷慨,总愿意与朱光潜分享这些书籍。因此,"由于他的慷慨,我读到《饮冰室文集》。这部书对于我启示一个新天地,我开始向往'新学',我开始为《意大利三杰传》的情绪所感动。作者那一种酣畅淋漓的文章对于那时的青年人真有极大的魔力,此后有好多年我是梁任公先生的热烈的崇拜者……也就从饮冰室的启示,我开始对于小说戏剧发生兴趣。父亲向不准我看小说,家里除了一套《三国演义》以外,也别无所有,但是《水浒传》《红楼梦》《琵琶记》《西厢记》几种我终于在族兄处借来偷看过。因为读这些书,我开始注意金圣叹,'才子''情种'之类观念开始在我脑里盘旋"②。在吸收新知的同时,文学的种子已经开始在朱光潜心里萌芽。

文学的种子在1918年之后更进一步生根发芽,因为在这一年,朱光潜获得了到香港大学读书的机会。在香港的四年时间里,他坦承虽然学了一点教育学,"但主要地还是学了英国语言和文学,以及生物学和心理学这两门自然科学的一点常识。这就奠定了我这一生教育活动和学术活动的方向"③。这时候,西方世界的各种思想进入朱光潜的世界。

而对西方的文学、哲学思想的采撷,朱光潜最先接受的是浪漫主义诗歌。浪漫主义强调个人情感想象的自由伸展,跟朱光潜早年阅读《庄子》《陶渊明集》等后所形成的心性是有呼应关系的。在《我的文艺思想的反动性》一文中,朱光潜剖析了自己为什么会对浪漫主义产生浓烈的兴趣:"我初次接触到浪漫派诗人,

①　朱光潜:《朱光潜全集》第5卷,合肥:安徽教育出版社1989年版,第12页。
②　朱光潜:《朱光潜全集》第3卷,合肥:安徽教育出版社1987年版,第442页。
③　朱光潜:《朱光潜美学文集》第1卷,上海:上海文艺出版社1982年版,第6页。

马上吸引住我的是他们所表现的一般称之为'世纪病'的那种忧郁感伤的情调……我在青年时期就长期困在这种情调中。当时我所处的是个内忧外患交迫的时代，内有军阀混战以及国民党的黑暗统治，外有日本帝国主义面目狰狞的侵略。由社会以至于家庭，没有一件事可以叫人看着顺眼的。作为一个年轻人，我对此是否无动于衷呢？这是不可能的……眼看国家处在岌岌不可终日的危急局面，既不满意社会现实，而自己又毫无办法，只觉得前途一片渺茫，看不见一条出路，只能'束手待毙'。这是一种很沉重的心情。就是这种没落阶级的青年人的沉重心情，在浪漫派诗人的作品里找到了强烈的共鸣，并且好像得到了舒畅的发泄。这是我沉醉于浪漫主义特别是消极浪漫主义的根本原因。"①

浪漫主义也不是凭空而来，是与德国古典哲学紧密联系在一起的。康德美学强调天才为艺术立法、强调灵感和主观能动性，把自我提到高于一切的地位，这一系列观点都对浪漫主义文学强调主观精神和个人主义倾向产生了深远的影响。朱光潜在文学上亲近浪漫主义，哲学上也是服膺于康德这一脉的主张。他在剖析自己的思想来源时说，有两个来源确立了他的世界观："一个是克罗齐的'艺术即直觉'说。按照这一说，文艺活动只是艺术家在创作过程中的想象活动，即所谓直觉活动。在这种直觉活动中，作者的'心灵综合作用'占第一位，客观世界占第二位。不但作品是作者创造出来的，作品所反映的客观世界也还是作者创造出来的。我的第二个来源是立普斯的'移情说'。按照这一说，我们能够以主观的情感去渲染客观世界，使客观世界变了色调，和主观的情感相应；同时主观世界也借所谓'内摹仿'作用受到客观世界的影响。"②

看起来，在西方思想资源的采撷上，康德、克罗齐一派的美学传统和近代的实验心理学流派是其早期思想形成的重要资源（当然，后期朱光潜不断深入学习马克思主义理论家的基本著作，对马克思主义美学有其独到的看法），但事实上，远没有这么简单。在1983年出版的其博士论文《悲剧心理学》中，他写了一篇中译本的自序，在序中，朱光潜写道："不仅在美学方面，尤其在整个人生观方面，

---

① 朱光潜：《朱光潜全集》第5卷，合肥：安徽教育出版社1989年版，第14~15页。
② 朱光潜：《朱光潜全集》第5卷，合肥：安徽教育出版社1989年版，第14~15页。

一般读者都认为我是克罗齐式的唯心主义信徒，现在我自己才认识到我实在是尼采式的唯心主义信徒。在我心灵里根植的倒不是克罗齐的《美学原理》中的直觉说，而是尼采的《悲剧的诞生》中的酒神精神和日神精神。"①其实，按照李圣传的看法，影响朱光潜美学话语体系建构的还有一股非常重要的力量，但这是潜隐在朱光潜自己的话语之中的，他自己并没有明确地表述出来。这股力量就是英国的经验主义哲学，它构成了朱光潜美学的经验主义立场和路向："以霍布斯、洛克、夏夫兹博里、休谟和伯克等人为代表的英国经验主义哲学传统，一反过去形而上学的理性思辨转而重视感觉经验和联想作用的思维理路，不仅经过冯特、铁钦纳、华生等人接续成为现代心理学的源头，还构成朱光潜接受心理学美学的重要知识背景，且自觉不自觉地内化到其心理学美学的话语体系建构中。"②

正是因为中西方文学、哲学思想的影响，朱光潜所建构的美学话语体系，不是一维的，而是多维的体系，就如劳承万所指出的："朱光潜早期的文艺思想、美学体系，不是一维的单一结构的学说，而是多维的理论体系，其间错综交织着：深刻而玄妙的哲人学说，严肃而豁达、执着而超脱的人生态度，渊博而多向的学科知识，精当入微的叙述方法与行云流水般的语言表现。这里，哲人学说—二极性人生态度（艺术形而上学）—多学科的实证知识（艺术生理学/审美筋肉论）—语言表现与方法论，构成了四维度的理论体系。"③进一步，劳承万指出，"哲人学说"构成这个庞大体系的轴心；"艺术形而上学"（"人生—情趣—艺术"宇宙论模式）成为这个体系的形上观照；"艺术生理学"（审美筋肉论）成为这个体系的形下实证，它同时突破了这个体系的界限，延伸至诗学领域，完成了独特的诗学理论建构。④

---

① 朱光潜：《朱光潜全集》第 2 卷，合肥：安徽教育出版社 1987 年版，第 210 页。

② 李圣传：《论朱光潜美学的经验主义立场和路向》，《文学评论》2021 年第 6 期。

③ 劳承万：《融会中西的理论体系——朱光潜与 20 世纪中国美学》，转引自汝信、王德胜主编：《美学的历史：20 世纪中国美学学术进程》，合肥：安徽教育出版社 2017 年版，第 494 页。

④ 参见劳承万：《融会中西的理论体系——朱光潜与 20 世纪中国美学》，转引自汝信、王德胜主编：《美学的历史：20 世纪中国美学学术进程》，合肥：安徽教育出版社 2017 年版，第 495 页。

第二节　美感经验论

在影响深远的《文艺心理学》一书中，朱光潜开篇即下了一个判断，认为美学研究的核心应该是美感经验。他写道："近代美学所侧重的问题是：'在美感经验中我们的心理活动是什么样？'至于一般人所喜欢问的'什么样的事物才能算是美'的问题还在其次。这第二个问题也并非不重要，不过要解决它，必先解决第一个问题；因为事物能引起美感经验才能算是美，我们必先知道怎样的经验是美感的，然后才能决定怎样的事物所引起的经验是美感的。"①

那么，什么是美感经验？朱光潜认为："就是我们在欣赏自然美或艺术美时的心理活动。"他以清新自然的语言向读者娓娓道来："比如在风和日暖的时节，眼前尽是娇红嫩绿，你对着这灿烂浓郁的世界，心旷神怡，忘怀一切，时而觉得某一株花在向阳处笑，时而注意到某一个鸟的歌声特别清脆，心中恍然如有所悟。有时夕阳还未西下，你躺在海滨一个崖石上，看着海面上金黄色的落晖被微风荡漾成无数细鳞，在那里悠悠蠕动。对面的青山在蜿蜒起伏，仿佛也和你一样在领略晚兴。一阵凉风掠过，才把你猛然从梦境惊醒。'万物静观皆自得，四时佳兴与人同。'你只要有闲功夫，竹韵、松涛、虫声、鸟语、无垠的沙漠、飘忽的雷电风雨，甚至于断垣破屋，本来呆板的静物，都能变成赏心悦目的对象。不仅是自然造化，人的工作也可发生同样的快感。有时你整日为俗事奔走，偶然间偷得一刻余闲，翻翻名画家的册页，或是在案头抽出一卷诗、一部小说或是一本戏曲来消遣，一转瞬间你就跟着作者到另一世界里去。你陪着王维领略'兴阑啼鸟换，坐久落花多'的滋味。武松过冈杀虎时，你提心吊胆地挂念他的结局；他成功了，你也和他感到同样的快慰。秦舞阳见着秦始皇变色时，你心里和荆轲一样焦急；秦始皇绕柱而走时，你心里又和他一样失望。人世的悲欢得失都是一场热闹戏。这些境界，或得诸自然，或来自艺术，种类千差万别，都是'美感经验'。"②朱光潜对于美感经验的这种表述，丝毫不晦涩，非常形象生动，是从中

---

① 朱光潜：《朱光潜全集》第 1 卷，合肥：安徽教育出版社 1987 年版，第 205 页。
② 朱光潜：《朱光潜全集》第 1 卷，合肥：安徽教育出版社 1987 年版，第 205~206 页。

国人的审美实践出发对美感经验的描述，非常具有民族特色。他认为，美学的最大任务就是研究这样的"美感经验"。

对于理论问题，当然也需要一些概念加以普遍化。他借用克罗齐的概念，进一步将"美感经验"定义为直觉的经验。而直觉的对象就是"形象"，所以"美感经验"可以说是"形象的直觉"。他说："无论是艺术或是自然，如果一件事物叫你觉得美，它一定能在你心眼中现出一种具体的境界，或是一幅新鲜的图画，而这种境界或图画必定在霎时中霸占住你的意识全部，使你聚精会神地观赏它，领略它，以至于把它以外一切事物都暂时忘去。这种经验就是形象的直觉。形象是直觉的对象，属于物；直觉是心知物的活动，属于我。"①

美感经验的发生也有其特殊性，"是一种极端的聚精会神的心理状态。全部精神都聚会在一个对象上面，所以该意象就成为一个独立自足的世界"②。他举例说，这种聚精会神的状态就比如"一个画家在聚精会神地欣赏一棵古松，那棵古松对于他便成为一个独立自足的世界。在观赏的一刹那中，他忘却这棵古松之外还另有一个世界"③，所以美感经验就是凝神的境界。在凝神的境界中，我们不但忘去欣赏对象以外的世界，并且忘记我们自己的存在。

因此，美感经验的特征就是"物我两忘"，"物我两忘的结果是物我同一。观赏者在兴高采烈之际，无暇区别物我，于是我的生命和物的生命往复交流，在无意之中我以我的性格灌输到物，同时也把物的姿态吸收于我"④。从他的这些定性中，可以看出，朱光潜心目中美感经验是摆脱了实用目的的，是对对象的凝神观照，超概念、超功利的直觉静观状态，是美感经验的最核心的特征。就是在阐述美感经验的过程中，朱光潜也基本形成了关于"什么是美"的核心观点，即美在于心物的交汇融通。他说："美不仅在物，亦不仅在心，它在心与物的关系上面。但这种关系并不如康德和一般人所想象的，在物为刺激，在心为感受；它是心借物象来表现情趣。世间没有天生自在俯拾即是的美，凡美都要经过心灵的创

---

① 朱光潜：《朱光潜全集》第 1 卷，合肥：安徽教育出版社 1987 年版，第 209 页。
② 朱光潜：《朱光潜全集》第 1 卷，合肥：安徽教育出版社 1987 年版，第 212 页。
③ 朱光潜：《朱光潜全集》第 1 卷，合肥：安徽教育出版社 1987 年版，第 212 页。
④ 朱光潜：《朱光潜全集》第 1 卷，合肥：安徽教育出版社 1987 年版，第 214 页。

造。"①即使在 20 世纪五六十年代的美学大讨论中，受到各方批判之际，他仍然贯穿着这样一种关于美的看法。

朱光潜进一步指出，美感经验就是形象的直觉，但"形象"并非天生自在一成不变的，而是随着观赏者的性格和情趣的不同，直觉的形象也因而是千变万化的。这种变化由于是人的心境、情绪、阅历等所造成的，比如同一首乐曲在不同的时间段、不同的地方、不同的心境之下聆听，感受是不同的，因此这里面就隐含着欣赏者的主体性和创造性。朱光潜说："直觉是突然间心里见到一个形象或意象，其实就是创造，形象便是创造成的艺术。因此，我们说美感经验是形象的直觉，就无异于说它是艺术的创造。"②

美感经验具有创造性，也是形象的直觉，这种直觉的产生不是概念化的、功利性的，必须要从现实生活中超脱出来。但问题在于人们的生活通常处于庸常、琐碎之中，如何摆脱庸常，实现超脱？朱光潜认为，关键是要"把世界摆在一种距离以外去看"③。他援引英国心理学家布洛的"心理的距离"理论进一步对美感经验予以论证。那么，什么是"心理的距离"？他以海上乘船遇到大雾为例进行了说明："乘船的人们在海上遇着大雾，是一件最不畅快的事。呼吸不灵便，路程被耽搁；听到若远若近的邻船的警钟，水手们手忙脚乱，乘客不安的喧嚷，时时令人觉得仿佛有大难临头似的，使人心焦气闷，茫无边际的世界中没有一片可以暂时避难的干土，一切都任命运之神摆布。但是换一个观点来看，却又得到截然不同的心理感受：你不去想海雾耽误了你的程期以及给你带来的不舒畅和危险，你若聚精会神地去看这种现象，这轻烟似的薄纱，笼罩着平谧如镜的海水，许多远山和飞鸟被它盖上一层面网，现出梦境般的依稀隐约，海天相连，梦幻无限，仿佛一伸手你就可以握住天上浮游的仙子。你的四周全是广阔、沉寂、秘奥和雄伟，真不知是在天上还是在人间。这不是极愉快的经验么？"④同样是海雾，之所以引起人们"心焦气闷"和"愉快"这两种截然不同的感受，其原因就在于"距

---

① 朱光潜:《朱光潜全集》第 1 卷，合肥：安徽教育出版社 1987 年版，第 346~347 页。
② 朱光潜:《朱光潜全集》第 1 卷，合肥：安徽教育出版社 1987 年版，第 215 页。
③ 朱光潜:《朱光潜全集》第 1 卷，合肥：安徽教育出版社 1987 年版，第 216 页。
④ 朱光潜:《朱光潜全集》第 1 卷，合肥：安徽教育出版社 1987 年版，第 217 页。

离"不同，在前一种经验中，海雾与你的实际生活纠葛在一起，距离太近，逼着你要考虑危险，祈求平安、不影响行程，因此，你不能泰然自若地欣赏它。而后一种经验中，你跳出了实用主义去看海雾，和实际生活拉开了一定的距离，不受忧患休戚的念头所烦扰，一直用观赏者的态度去欣赏它，所以会产生美感的态度。由此可见，适当的距离可以将主客体间的实用关系转变为审美关系。

"距离说"与"形象的直觉"其实都是强调要用非功利的、非概念的、跳出实用主义的态度，来为美感经验的产生创造条件，可以说，"距离说"是对"美感经验是形象的直觉"观点的补充，而且，这种补充具有双重意义："一方面，他解释了审美直觉发生的先决条件，使被克罗齐抽象化片面化的'直觉说'，回到了生活实际中去；另一方面，他对'距离说'的阐述，也拓展了该说自身的意义。"①

同时，朱光潜也意识到，拉开距离、超脱实用的效果，对科学也适用。他说："科学家和艺术家一样能维持'距离'。科学家的态度纯是客观的，他的兴趣纯是理论的。所谓'客观的态度'就是把自己的成见和情感丢开，从'理论的'角度来看待事物。但艺术家的'超脱'和科学家的'超脱'并不相同。科学家须超脱到'不切身的'（impersonal）地步。艺术家一方面要超脱，一方面和事物仍存有'切身的'关系。"②艺术家如何做到既超脱，又"切身"？朱光潜的回答是"移情作用"。这个概念来自德国美学家的创造，特别是立普斯对移情作用进行了深入的研究，因此学术界多把"移情作用"（又叫"移情说"）与立普斯联系在一起。在立普斯看来，所谓移情作用，实际上是外射作用的一种，就是把在我身上的知觉和情感外射到物的身上去。

朱光潜对立普斯的"移情说"进行了改造，他认为立普斯的"移情说"是一个单向的外射过程，实际上应该是双向的过程，一方面将主体的情移到外物，另一方面也将外物的姿态、精神吸收到主体中来，例如欣赏古松时，"看古松看到聚精会神时，我一方面把自己心中高风亮节的气概移注到松，于是松俨然变成一个

---

① 钱念孙：《朱光潜：出世的精神与入世的事业》，北京：文津出版社2005年版，第102～103页。

② 朱光潜：《朱光潜全集》第1卷，合肥：安徽教育出版社1987年版，第220页。

人；同时也把松的苍老劲拔的情趣吸收于我，于是人也俨然变成一棵古松"①。朱光潜认为，这种"由我及物"和"由物及我"的过程，正是移情作用发生的实际过程，特别是在欣赏自然的过程中，移情作用表现得最为明显。朱光潜写道："大地山河以及风云星斗原来都是死板的东西，我们往往觉得它们有情感，有生命，有动作，这都是移情作用的结果。比如云何尝能飞？泉何尝能跃？我们却常说云飞泉跃。山何尝能鸣？谷何尝能应？我们却常说山鸣谷应。诗文的妙处往往都从移情作用得来。例如'天寒犹有傲霜枝'句的'傲'，'云破月来花弄影'句的'弄'，'数峰清苦，商略黄昏雨'句的'清苦'和'商略'，'徘徊枝上月，空度可怜宵'句的'徘徊'、'空度'、'可怜'；'相看两不厌，惟有敬亭山'句的'相看'和'不厌'，都是原文的精彩所在，也都是移情作用的实例。"②

朱光潜一直强调，移情作用的主要特征在于推己及物和由物及我，所以他说："在聚精会神的关照中，我的情趣和物的情趣往复回流。有时物的情趣随我的情趣而定，例如自己在欢喜时，大地山河都随着扬眉带笑，自己在悲伤时，风云花鸟都随着黯淡愁苦。惜别时蜡烛可以垂泪，兴到时青山亦觉点头。有时我的情趣也随物的姿态而定，例如睹鱼跃鸢飞而欣然自得，对高山大海而肃然起敬，心情浊劣时对修竹清泉即洗刷净尽，意绪颓唐时读《刺客传》或听贝多芬《第五交响曲》便觉慷慨淋漓。物我交感，人的生命和宇宙的生命互相回环震荡，全赖移情作用。"③在这段精湛的描述中，"我的情趣和物的情趣往复回流""物我交感"，就是将我的性格和情感移注于物，同时也将物的姿态吸收于我。

人之所以能够移情，在朱光潜看来，不仅仅是心理的作用，还有生理在起作用，这就是闵斯特堡的"孤立说"、谷鲁斯的"内模仿说"和浮龙·李的"线形运动说"，特别是谷鲁斯所提出的"内模仿说"，在谷鲁斯看来，存在着两种模仿：知觉模仿和美感模仿。知觉模仿比如看见圆形物体时，眼睛就模仿它，作一个圆形的运动，通过筋肉动作表现出来。美感模仿大多隐在内而不发出来，所以称为"内模仿"。谷鲁斯所举的例子是看跑马比赛，"一个人在看跑马，真正的模仿当

---

① 朱光潜：《朱光潜全集》第1卷，合肥：安徽教育出版社1987年版，第233页。
② 朱光潜：《朱光潜全集》第1卷，合肥：安徽教育出版社1987年版，第236~237页。
③ 朱光潜：《朱光潜全集》第1卷，合肥：安徽教育出版社1987年版，第237页。

然不能实现，他不但不愿离开他的座位，而且他有许多理由不能去跟着马跑，所以他只能心领神会地模仿马的跑动，在享受这种内模仿时所产生的快感，这就是一种最简单、最基本、最纯粹的美感的观赏了"①。从这个意义上来看，"内模仿"其实就是当我们在观看外物时，由于没办法做跟外物同样的动作，只能在心中领会并模仿外物的动作和姿态。因此，朱光潜也称"内模仿"为"象征的模仿"，他认为"内模仿"很好地解释了移情作用中由物及我的一面。

至此，朱光潜有关美感经验的理论框架就搭建了起来，"形象的直觉"→"心理距离"→"物我同一"→"美感与生理"衔接缜密，逻辑环环相扣。钱念孙在评价朱光潜有关美感经验论的理论贡献时，对几者之间的关系进行了梳理和阐释。他说："从'直觉说'到'距离说''移情说'及'内模仿说'，其内在联系是：'直觉说'认为美感经验起于不带实用目的'无所为而为'的凝神境界；而这种凝神境界的产生必须与现实人生拉开距离，自然引出'距离说'；同时凝神境界又是物的生命和我的生命往复交流的结果，所以带出'移情说'和'内模仿说'。在这里，克罗齐的'直觉说'为朱光潜的文艺心理学奠定了美学基石；而布洛、立普斯的'距离说'和'移情说'等，则为朱光潜揭示审美活动的微妙心理过程提供了有力的工具……朱光潜运用'直觉说'将文艺心理研究提升到美学境界，同时又用'距离说'和'移情说'等，将美感经验的复杂心理和生理特征阐释得头头是道，给人启发良多。抽象的美学理论和具体的心理分析相结合，并使两者构成内在互相说明的自足体系，这是《文艺心理学》的成功之处，也是朱光潜的重要学术贡献。"②

第三节 "物"与"物的形象"

从上文朱光潜关于美感经验的论证中，可以看到，在有关美的本质问题上，朱光潜坚持"美是主客观的统一"，这个观点似乎是 20 世纪五六十年代美学大讨论中提出的新观点，但仔细分析他的《文艺心理学》《谈美》等早期著作以及美学大讨论中的相关文章，就能够肯定，朱光潜美学观点尽管有很大变化，但其核心

---

① 朱光潜：《朱光潜全集》第 1 卷，合肥：安徽教育出版社 1987 年版，第 257 页。
② 钱念孙：《朱光潜：出世的精神与入世的事业》，北京：文津出版社 2005 年版，第 90 页。

观点是没有改变的，即坚定认为美既不是完全在物，也不是完全在心，而是主客观的统一。

朱光潜认为，如果仅仅从物的层面来界定美的本质，有其局限性，同理，单从主体层面将美当作主观价值判断，也存在着很大的弊端，而从心、物关系上着眼解释美的本质，"不但可以打消美本在物及美全在心两个大误解，而且可以解决内容与形式的纠纷"①，不仅能够回答自然美的问题，还能澄清创作与欣赏的同一性等问题。在后来的《谈美》中，他又一次指出："美不完全在外物，也不完全在人心，它是心物婚媾后所产生的婴儿。美感起于形象的直觉，形象属物而却不完全属于物，因为无我即无由见出形象；直觉属我却又不完全属于我，因为无物则直觉无从活动。美之中要有人情也要有物理，二者缺一都不能见出美。"②在《我们对一棵古松的三种态度》一文中，他明确提出"物的形象"的概念。他写道："假如你是一位木商，我是一位植物学家，另外一位朋友是画家，三人同时来看这棵古松。我们三人可以说同时都'知觉'到这一棵树，可是三人所'知觉'到的却是三种不同的东西。你脱离不了你的木商的心习，你所知觉到的只是一棵做某事用值几多钱的木料。我也脱离不了我的植物学家的心习，我所知觉到的只是一棵叶为针状、果为球状、四季常青的显花植物。我们的朋友——画家——什么事都不管，只管审美，他所知觉到的只是一棵苍翠劲拔的古树。我们三人的反应态度也不一致。你心里盘算它是宜于架屋或是制器，思量怎样去买它，砍它，运它。我把它归到某类某科里去，注意它和其他松树的异点，思量它何以活得这样老。我们的朋友却不这样东想西想，他只在聚精会神地观赏它的苍翠的颜色，它的盘屈如龙蛇的线纹以及它的昂然高举、不受屈挠的气概。从此可知这棵古松并不是一件固定的东西，它的形象随观者的性格和情趣而变化。各人所见到的古松的形象都是各人自己性格和情趣的返照。古松的形象一半是天生的，一半也是人为的。极平常的知觉都带有几分创造性，极客观的东西之中都有几分主观的成分。"③在这里，朱光潜提出了很重要的哲学问题，即物与知觉中显现的物是不同

---

① 朱光潜：《朱光潜全集》第1卷，合肥：安徽教育出版社1987年版，第347页。
② 朱光潜：《朱光潜全集》第2卷，合肥：安徽教育出版社1987年版，第44页。
③ 朱光潜：《朱光潜全集》第2卷，合肥：安徽教育出版社1987年版，第8~9页。

的，前者是纯然的客观对象，后者是"物的形象"，同一个事物可以在不同的知觉中显现为不同的形象，比如同样一棵古松，显现的是木料、显花植物或古树。在审美活动中的显现物，是"物的形象"而不是纯然物。

在 20 世纪五六十年代的美学大讨论中，朱光潜不断地反省、自我批判，在美学大讨论的揭幕文章《我的文艺思想的反动性》中，朱光潜对自己的美学观点做出了痛切的否定，同时对自己所接受过的思想资源也予以激烈的批判，如魏晋时期陶渊明等文人士大夫"超然物表""恬淡自守""清虚无为"的人格理想、西方浪漫派诗人对个人情感想象自由伸展的追捧，以及康德、黑格尔、叔本华、尼采、克罗齐等人的哲学思想。但是，即使在那样的环境之下，他以过人的胆识和勇气捍卫了自己在关于美的本质问题上的看法。他坚定地说："关于美的问题，我看到从前人的在心在物的两派答案以及克罗齐把美和直觉、表现、艺术都等同起来，在逻辑上都各有些困难(如《文艺心理学》第十章所分析的)，于是又玩弄调和折中的老把戏，给了这样一个答案：'美不仅在物，亦不仅在心，它在心与物的关系上面。'如果话到此为止，我至今对美还是这样想，还是认为要解决美的问题，必须达到主观与客观的统一。"①作为克罗齐的信徒，他为何要调和折中呢？主要是因为他认为克罗齐"艺术即直觉"的观点不完善，不能有效解决艺术问题。他写道："克罗齐从他的定义所推演的结论是：直觉不带抽象思维，所以与科学哲学无关；直觉又不带意志，所以与政治道德等实际活动也无关；直觉是独立自足的单纯活动，所以与联想无关。我发现这些结论与众所周知的事实不相容，与我自己对于文艺的认识也不相容，于是想出一个调和折中的途径，说直觉活动只限于创造或欣赏白热化的那一刹那，而艺术活动并不只限于那一刹那，在那一刹那的前或后，抽象的思维、道德政治等的考虑，以及与对象有关的种种联想都还是可以对艺术产生影响的。这个看法我至今还以为是基本正确的，因为它符合形象思维与抽象思维的辩证的统一，也符合艺术与其他部门的人生活动的联系。"②这里既有对自己观点的坚持，即澄清自己有关"美在心物关系"的观点，又对自己思想来源中的不能自圆其说之处予以批判。

---

① 朱光潜：《朱光潜全集》第 5 卷，合肥：安徽教育出版社 1989 年版，第 27~28 页。
② 朱光潜：《朱光潜全集》第 5 卷，合肥：安徽教育出版社 1989 年版，第 20 页。

尽管这个观点发表出来之后即遭到蔡仪、黄药眠、贺麟等人的批判，① 但朱光潜非常坚定地捍卫自己关于美的本质问题的观点。比如在《论美是客观与主观的统一》一文中，他写道："如果给'美'下一个定义，我们可以说，美是客观方面某些事物、性质和形状适合主观方面意识形态，可以交融在一起而成为一个完整形象的那种特质。"②朱光潜又说："美是主观与客观的辩证统一，现实事物必须先有某些产生美的客观条件，而这些客观条件必须与人的阶级意识、世界观、生活经验这些主观因素相结合，才能产生美。"③在这里，其用词和表述方式虽然与《文艺心理学》《谈美》等早期著述有所差别，但核心思想和精神实质是一致的。事实上，朱光潜的批评者之一的蔡仪已经看到了这一点，说他这是"旧观点新说明"："所谓美总是主观和客观的统一，没有纯粹的主观的美或客观的美。这个论点，就是《文艺心理学》里早已有了的。"④在蔡仪看来，朱光潜还是固守自己的观点没变，但朱光潜认为蔡仪的指责是没有看到他的表述中的"新质"。朱光潜说："我始终坚持美不单纯在物而在心与物的关系上，从前如此，现在还如此。但是同一抽象的论断，由于基本出发点不同，在具体内容上就可以有本质的不同，正如思维与存在统一这一论断在黑格尔哲学里和在马克思主义哲学里有本质的不同，一个是从客观唯心论出发，一个是从辩证唯物论出发。"⑤

在朱光潜的应战表述中，所出现的"新质"，就是辩证唯物论，在他自己的辩解中，他认为他过去的观点是立足于克罗齐的客观唯心论基础上的，而现在的心物关系则是立足于马克思主义的辩证唯物主义的意识形态基础上的。因为马克思主义认为，艺术、法律、政治、宗教等上层建筑都是社会意识形态，既然是社会意识形态，按照物质决定意识的原理，艺术一定有现实世界的客观基础。朱光

---

① 朱光潜的《我的文艺思想的反动性》发表之后，贺麟的《朱光潜文艺思想的哲学根源》、黄药眠的《论食利者的美学——朱光潜美学思想批判》、蔡仪的《朱光潜美学思想的本来面目》作为批判文章密集推出，对朱光潜美学观点的哲学根源等问题展开了彻底的批判。

② 朱光潜：《朱光潜全集》第 5 卷，合肥：安徽教育出版社 1989 年版，第 80 页。

③ 朱光潜：《在中国社科院哲学社会科学学部委员会第三次扩大会议上发言》，《新建设》1961 年第 1 期。

④ 蔡仪：《朱光潜先生旧观点的新说明》，《新建设》1960 年 4 月号。

⑤ 朱光潜：《朱光潜全集》第 10 卷，合肥：安徽教育出版社 1993 年版，第 219 页。

潜引用马克思《1844 年经济学哲学手稿》中评价音乐的话："正如只有音乐才能唤醒人的音乐感觉，对于不懂音乐的耳朵，最美的音乐也没有意义，就不是它的对象，因为我的对象只能是我的本质的表现"，并予以评论说，"这两句极简单的话解决了美和美感以及美的主观性或客观性的问题。上句说音乐美感须以客观存在的音乐为先决条件，下句说音乐美也要有'懂音乐感的耳朵'这个主观条件。请诸位想一想：一、美单是主观的，或单是客观的吗？二、美能否离开美感而独立存在呢？想通了这两个问题，许多美学上的问题就可迎刃而解了"①。朱光潜从音乐实践上举例予以进一步说明，在他看来从原始人的敲棒击缶，到现代的交响乐，音乐是不断向前发展的。而音乐美的发展"一方面固然由于物质条件和技巧的发展，一方面也由于音乐的耳朵（即审美力）日渐在发展，对于音乐日渐提出更高要求，同时也日渐依据改进了的客观条件，创造出更高的形象"②。这也是心物关系，或者说主客观的统一。

在美学大讨论的论战中，朱光潜为了重申其关于美的本质问题的基本主张，立足于马克思主义哲学反映论，创造性地提出了"物甲""物乙"说。他说："美感的对象是'物的形象'而不是'物'的本身。'物的形象'是'物'在人的既定的主观条件（如意识形态、情趣等）影响下反映于人的意识的结果，所以只是一种知识形式。在这个反映的关系上，物是第一性的，物的形象是第二性的。但是这'物的形象'在形成之中就成了认识的对象，就其为对象来说，它也可以叫做'物'，不过这个'物'（姑简称物乙）不同于原来产生形象的那个'物'（姑简称物甲），物甲是自然物，物乙是自然物的客观条件加上人的主观条件的影响而产生的，所以已经不纯是自然物，而是夹杂着人的主观成分的物，换句话说，已经是社会的物了。美感的对象不是自然物而是作为物的形象的社会的物。美学所研究的也只是这个社会的物如何产生，具有什么性质和价值，发生什么作用；至于自然物（社会现象在未成为艺术形象时，也可以看作自然物）则是科学的对象。"③基于这样的理解，朱光潜认为在反映论的视野之下，美感的或艺术的反映形式与一般知识

---

① 朱光潜：《朱光潜全集》第 5 卷，合肥：安徽教育出版社 1989 年版，第 266 页。
② 朱光潜：《朱光潜全集》第 5 卷，合肥：安徽教育出版社 1989 年版，第 48 页。
③ 朱光潜：《朱光潜全集》第 5 卷，合肥：安徽教育出版社 1989 年版，第 43 页。

或科学的反映形式，也就是艺术地掌握世界与科学地掌握世界，有着本质的区别，比如认识"花是美的"与认识"花是红的"，"科学在反映外物界的过程中，主观条件不起什么作用，或是起很小的作用，它基本上是客观的；美感在反映外物界的过程中，主观条件却起很大的甚至是决定性的作用，它是主观与客观的统一，自然性与社会性的统一。举例来说，时代、民族、社会形态、阶级以及文化修养的差别不大能影响一个人对于'花是红的'的认识，却很能影响一个人对于'花是美的'的认识"①。

"物乙"实际上就是"物的形象"，之所以提出这样的观点，是因为要应对蔡仪的批评。蔡仪在批评黄药眠和朱光潜时指出："我并不否认人有借物抒情的心理及事实，但是既然否认物本身的特点，那么被人用以抒情的物的形象，从抒情的主体来说，他所见的形象根本是自己的情趣的幻影，从客观的物来说，他所见的形象基本上不是真正的物的形象。所谓'情人眼里出西施'，这'西施'就并不是真正的西施。……同样，梅花的形象也不是什么人的性格的象征。物的形象是不依赖于鉴赏者的人而存在的，物的形象的美也是不依赖于鉴赏的人而存在的。如果认为物的形象依存于鉴赏的人，同时又说有'客观地存在着的物'，这样的'物'不过是康德的'物自体'，这样的论调也不过是不可知论的老调，实质上还是主观唯心主义的'曲调'。""我们也承认人之所以认为某一对象的美，是和他的生活经验、当时的心境及他的思想倾向等有关系。但是对象的美如果没有它本身的原因，只是决定于人的主观；所谓'美学评价'也没有客观的标准，只有主观的根据；那么美的评价也就只能是因人的主观而异，既无是非之分，也无正误之别，美就是绝对地相对的东西，这就是美学上的相对主义。"②朱光潜认为，蔡仪的根本问题就在于他混淆了自然"物"和经过美感反映之后的"物的形象"，他从"物不依赖于认识的人而存在"这个正确的原则，推演出了"物的形象也不依赖于鉴赏的人而存在"的错误结论。因此，蔡仪"把艺术地掌握世界与科学地掌握世界，把认识'花是美的'与认识'花是红的'，看成毫无分别……这样一来，他剥

---

① 朱光潜：《朱光潜全集》第 5 卷，合肥：安徽教育出版社 1989 年版，第 44 页。
② 蔡仪：《评"论食利者的美学"》，《人民日报》1956 年 12 月 1 日。

夺了美的主观性，也剥夺了美的社会性"①。由此，朱光潜得出结论认为：美感的对象并不是"物甲"而是"物乙"。"同一物甲在不同的人的主观条件之下可以产生不同形式的物乙，这就说明了不同的人的美感能力可以影响到物乙的形成，可以使物甲的客观条件之中某些起作用，某些不起作用，某些起百分之八十的作用，某些又起百分之二十的作用。美是对于物乙的评价，也可以说就是物乙的属性。美感能影响物乙的形成，就是在这个意义上，我们说美感能影响美。"②在这里，朱光潜实际上非常深刻地揭示了美感与一般认识活动的本质区别，美感是审美主体的感受、情趣、想象、理解等心理内容融合而成的"物的形象"。

"物"与"物的形象"的区分，在理论上具有重要的贡献，按照於贤德的说法，至少有三个方面的贡献，但我们认为，更重要的是在以下两个方面，兹转述如下：③ 首先，这个区分明确地否定了审美对象是一种单一存在的物质性的东西，指出了审美活动与认识活动的本质差异，"物的形象"就是美感的对象。而在当年美学大讨论中，不少学者把是否承认美的客观存在，看做唯物主义美学与唯心主义美学的根本分野。因此，他们反复强调美是客观的，坚持认为美与人无关。朱光潜能够在当时特定的政治环境和学术环境中提出具有独创性的学术观点，明确指出真正的审美对象不是客观事物本身，而是"物的形象"，这充分体现了朱先生对学术研究的执著与勇气，尽管曲高和寡，却给当时笼罩在教条主义氛围中的学术界吹来一股独立思考的清风。正是由于朱光潜等学者对严肃的科学研究的不懈努力，才使得第一次美学大讨论不至于完全陷入形而上学的泥淖，取得了一定的学术成果。更重要的是，这一观点的提出进一步引发了人们对美本质和审美根源等美学理论重大问题的认真思索，有启蒙作用，对当时的美学讨论和后来一系列美学研究活动的深入开展，都打下了方法论和学风上的良好基础。其次，朱光潜提出了"物乙"这样一个全新的概念，把人们在日常生活中观察到的"物的形象"，用一分为二的辩证方法进行了有深度的理论阐释，"物乙"的内涵就是物的客观条件和人的心理内容的统一，这一点在美学大讨论中独树一帜且曲高和寡。

① 朱光潜：《朱光潜全集》第5卷，合肥：安徽教育出版社1989年版，第44页。
② 朱光潜：《朱光潜全集》第5卷，合肥：安徽教育出版社1989年版，第47页。
③ 於贤德：《论朱光潜的物甲物乙说与李泽厚积淀说的互补性》，《学术研究》2007年第6期。

很多人由于未能理解朱光潜的观点，就简单地批评为唯心主义，其实倒是那种简单化的做法违背了马克思主义关于具体问题具体分析的基本精神。今天回头去看，朱光潜"物甲物乙"说是努力运用唯物辩证法的方法论解决理论问题的积极尝试，它体现了一个真正的学者努力运用马克思主义的基本原理和思想方法解释实际问题的良苦用心。

在研究朱光潜美学的相关思想时，学者们都对"物甲""物乙"说给予了较高的评价。比如劳承万在《朱光潜美学论纲》一书中作过这样的评价："当物甲物乙说登上论坛之后，机械唯物论美学的内在危机便明显地呈现出来了。物乙的出现，造成了人与物之间一个巨大的突破口，铁板一块的混沌的'物'，与铁板一块混沌的'人'，都难以立足了。""物甲/物乙说的出现，从外在方面来说，是中国美学界理论触角伸向新的领域的起点，这是新的起跑线；从内在方面来说，是思维方式变革的伟大成果，是方法论的新收获。"①

第四节 认识论美学话语体系的问题意识

认识论美学话语体系，就是将美学问题纳入认识论的框架去看待美、美感等，其核心之处在于用"主客二分"的思维模式来考察审美活动，认为审美主体和审美对象之间是独立的存在，存在着认识关系。朱光潜明确说："美确实要有一个客观对象，要有'巧笑倩兮，美目盼兮'这样美人的客观存在。不过这种姿态可以由无数不同的美人表现出，这就使美的本质问题复杂化。其次，审美也确要有一个主体，美是价值，就离不开评价者和欣赏者。如果这种美人处在空无一人的大沙漠里，或一片漆黑的黑夜里，她的'巧笑倩兮，美目盼兮'能产生什么美感呢？凭什么说她美呢？"②事实上，在整个20世纪五六十年代的美学大讨论中，各派都将美学问题归结为认识论，比如李泽厚在与朱光潜的论战中就明确指出："美学科学的哲学基本问题是认识论问题。"③"我们和朱光潜的美学观的争

---

① 劳承万：《朱光潜美学论纲》，合肥：安徽教育出版社1998年版，第262页。
② 朱光潜：《朱光潜全集》第5卷，合肥：安徽教育出版社1989年版，第289~290页。
③ 李泽厚：《美学论集》，上海：上海文艺出版社1980年版，第2页。

论,过去是现在也仍然是集中在这个问题上:美在心还是在物?美是主观的还是客观的?是美感决定美呢还是美决定美感?"①在认识论框架内看待美学问题,必然涉及物质与意识、思维与存在、主观与客观、主体与客体、艺术与现实等基本问题。在看待这些关系时,每个人给出的答案不同,从而也就形成了不同的派别。

尽管都是在认识论框架内讨论美学问题,但各家在一些基本问题上立场悬殊。朱光潜就批评其他参与美学大讨论的学者,认为他们在四个方面犯了错误:"一、他们误解了而且不恰当地应用了列宁的反映论,把艺术看成自始至终只是感觉反映,把艺术的'美'看成只是单纯反映原已客观存在于物本身的'美',因此就否定了主观方面意识形态的作用。二、抹煞了艺术作为意识形态的原则,因而不是否定了美的社会性(蔡仪),就是把社会性化为与自然叠合的'客观社会存在'(如李泽厚)。三、抹煞了艺术作为生产劳动的原则,因而看不出原料与产品的差别,否定了主观能动性和创造性的劳动对于美的作用。四、抹煞了客观与主观两对立面的统一,对主观存着迷信式的畏惧,把客观绝对化起来,作一些老鼠钻牛角式的烦琐的推论,这就注定了思想方法必然是形而上学的。"②在这里,朱光潜实际上触及了认识论美学的核心问题,在他看来,认识论美学就建立在这四个基本原则之上,即,反映论(感觉反映客观现实)、艺术是一种意识形态、艺术是生产劳动、美是主客观的统一。

第一,反映论的问题,即各家各派都用认识论中的反映论原理去套用美和美感的关系。李泽厚认为:"美是不依赖于人类主观美感的存在而存在的,美感却必须依赖美的存在才能存在。美感是美的反映、美的模写。"③这种说法会产生矛盾,因为从意识是物质的反映这一原理出发,就会导致美也是客观物质性的这一结论,这显然不符合日常经验。因此李泽厚的解决办法就是将美看做一种社会存在,而美感则是一种社会意识,他说:"美感是社会意识,是人脑中的主观判断和反映,而美却是社会存在,是客观事物的属性。美感主观意识只是对美的客观

---

①　李泽厚:《美学论集》,上海:上海文艺出版社1980年版,第52页。
②　朱光潜:《朱光潜全集》第5卷,合肥:安徽教育出版社1989年版,第74~75页。
③　李泽厚:《美学论集》,上海:上海文艺出版社1980年版,第18页。

存在的反映。"①尽管他用"自然的人化"这一人类社会实践来解释美的社会属性，但这里的结论仍然是经不起推敲的，因为他无法解释自然美的问题。

朱光潜在解释美与美感的关系问题时，同样也是反映论的，他说："梅花这个自然物是客观存在的，通过感觉，人对梅花的模样得到一种感觉印象（还不是形象），这种感觉印象在人的主观意识中引起了美感活动或艺术加工，在这加工的过程中，人的意识形态起了作用。感觉印象的意识形态化就成为'物的形象'（不但反映自然物，而且也反映人的社会生活中的梅花形象）。这个形象就是艺术的形象，也就是'美'这个形容词所形容的对象。"②这实际上还是我们上一节所提出的"物甲"与"物乙"的问题，只是在朱光潜这里，他论证得更为精妙，美感的对象（"物乙"）与一般自然物（"物甲"）有巨大的差别。有学者这样总结："（1）'物甲'是人的反映对象，而'物乙'是'物甲'在人的既定的主观条件影响下反映于人的意识的结果；（2）'物甲'与人的主观成分无关，而'物乙'包含了人的主观成分；（3）'物甲'不具有社会性，而'物乙'则具有社会性；（4）'物甲'是科学研究的对象，而'物乙'是美学研究的对象。"③这种论证的目的就在于，要将美与美感的反映与一般认识论意义上的反映做出区别。

钱念孙认为，朱光潜区别"物甲""物乙"，将美感反映与科学反映截然分开，意义在于："一方面，他通过肯定'物甲'（客观自然物）的存在，通过肯定'物乙'（物的形象）包含客观自然物提供的'美的条件'，维护了'物'的客观性，贯彻了马克思主义哲学'存在决定意识'这一基本原则；另一方面，他又通过强调'物乙'（物的形象）含有人的主观情趣，是客观和主观的统一体，同时确认了人的主观能动性。这里的关键在于，他把'物'（物甲）与'物的形象'（物乙）区分开，认为前者是科学的对象，是纯然客观的；而后者是艺术的对象，包含客观物提供的'美的条件'，又包含人的主观意识。这样就把人的主观作用限制在对艺术对象的构成即艺术反映的过程上，并没有触动客观物本身的客观性。这显示了朱光潜在当时极'左'思潮盛行的情势下，一面遵从马克思主义辩证唯物论的指导，一

---

① 李泽厚：《美学论集》，上海：上海文艺出版社 1980 年版，第 85 页。
② 朱光潜：《朱光潜全集》第 5 卷，合肥：安徽教育出版社 1989 年版，第 54~55 页。
③ 蒯大申：《朱光潜后期美学思想论述》，上海：上海社会科学院出版社 2001 年版，第 59 页。

面艰难坚持以自己的学术观点解决美的本质(美的哲学基础)问题的努力。"①

第二，关于艺术是一种意识形态的问题，朱光潜以"物甲""物乙"以及两种反映形式(科学反映、美感反映)来说明美感是一种反映，但很快就遭到了李泽厚等人的批评，比如李泽厚就认为，朱光潜的辩护实际上还是取消了美的客观性。他说："朱光潜在这里的主要错误，过去在于现在就仍然在于取消了美的客观性，而在主观的美感中来建立美，把客观的美等同于、从属于主观的美感，把美看作是美感的结果、美感的产物。在文章中，朱光潜虽然提出了'美'和'美感'的两个概念，但却始终没有区分和论证两者作为反映和被反映者的主、客观性质的根本不同；恰好相反，朱光潜处处混淆了它们……把美感和作为美感对象的美混为一谈。"②"朱光潜所说的'美是主客观的统一''美在心物关系之间'的所谓'主观'，所谓'心'，如果说，在过去主要是指超社会的、神秘的个人的'主观'、个人的'心'；那末，现在则主要是指作为社会的人的'主观'、社会的'心'，是指社会、时代、阶级的意识、情趣了。承认了人的主观意识和美感的社会性质，当然是一大进步，但这并未根本改变问题。因为即使承认了美(美感)的社会性而拒绝承认美是不依赖人类主观意识的客观存在，这就是说，即使承认了美是不依存于个人的直觉情趣，但却认为它依存于社会的意识、社会的情趣，就仍然不是唯物主义。所谓社会意识、社会情趣，对社会存在来说，它仍然是主观的、派生的东西，它只能构成美感的社会性(这就是说，任何个人的美感是一定的社会意识、情趣的表现)，而不能构成美的社会性。所以，朱光潜把美的社会性看作是因为它依存于人类社会意识、情趣的缘故，把美的社会性看作是美的主观性，这就完全错误了，因为依存于、从属于社会意识(人的主观条件)的只是美感，而不是美。"③

但是，通过进一步学习马克思主义经典著作，朱光潜看到，他的论敌们机械地理解了唯物、唯心的问题，将反映论等同于列宁所讨论的一般感觉问题。他

① 钱念孙:《朱光潜:出世的精神与入世的事业》，北京:文津出版社2005年版，第197~198页。

② 李泽厚:《美学论集》，上海:上海文艺出版社1980年版，第54页。

③ 李泽厚:《美学论集》，上海:上海文艺出版社1980年版，第55页。

说：“我们看到企图动用马克思主义去讨论美学的著作几乎毫无例外地都简单地不加分析地套用列宁的反映论，而主要的经典根据都是列宁的《唯物主义与经验批判主义》一书。他们理解的线索一般是这样：按照列宁的反映论，我们的感觉、知觉和概念(统名之为'意识')都是反映客观存在的物，客观存在的物决定人们的意识，它并不依存于认识它的人，所以物是第一性的，意识是第二性的。"①但实际情况是，列宁在《唯物主义与经验批判主义》中所讨论的只是一般的感觉或科学地反映问题，没有涉及审美这样涉及社会意识形态的问题。而论敌们死守着被他们误解了的列宁的反映论，认为反映与主观无关，把列宁的反映论生吞活剥地套用到审美或艺术的反映上去了。在朱光潜看来，反映论与马克思主义所认为的文艺是一种社会意识形态这个基本原则是一致的。这是因为："艺术或美感的反映要经过两个阶段：第一个是一般感觉阶段，就是感觉对于客观现实世界的反映；第二个是正式美感阶段，就是意识形态对于客观现实世界的反映。"②这两个阶段紧密相连，但不能混同。朱光潜认为，他早年的唯心主义错误，就是因为宰割了第一阶段，让美感从没有感觉素材的心灵活动开始。而蔡仪、李泽厚的错误则在于，他们将只适用于第一阶段的反映论套用到第二阶段，否定了意识形态的作用，宰割了第二阶段。

对于朱光潜来说，意识形态意味着什么，又能解决什么问题？朱光潜对马克思主义意识形态的内涵进行了简要的概括：首先，意识形态作为上层建筑，包括政治、法律、哲学、宗教、文学、艺术等，反映一定历史阶段的经济基础以及与这基础相对应的一般社会生活；其次，意识形态会随着它的基础的改变而改变；最后，作为同一基础的上层建筑，意识形态之间可以互相影响，比如文艺可以反映当时的法律、哲学等各方面的观点，因此这种反映是一种复杂而曲折的反映，对事物往往有所改动甚至于歪曲。③ 朱光潜认为，马克思主义的意识形态理论对于美学来说具有重要意义，这是因为"意识形态式的反映与一般感觉或科学式的反映有一个基本的分别：一个受主观方面意识形态总和的影响，对所反映的事物

---

① 朱光潜：《朱光潜全集》第 5 卷，合肥：安徽教育出版社 1989 年版，第 62~63 页。
② 朱光潜：《朱光潜全集》第 5 卷，合肥：安徽教育出版社 1989 年版，第 67 页。
③ 朱光潜：《朱光潜全集》第 5 卷，合肥：安徽教育出版社 1989 年版，第 74~75 页。

有所改变甚至歪曲，一个不大受意识形态的影响（这当然也只是相对的），而基本上是对事物的正确的反映"①。两种反映差别很大，科学的反映是纯客观的，基本上是对事物的正确反映，而意识形态对事物的反映会有所改变甚至歪曲，正是由于这种差别，才使得关于美的本质问题的讨论能够在正确的轨道上进行。

在关于艺术是一种意识形态这一点上，朱光潜总结说："我想谁也不能否认文艺是一种意识形态这个马克思主义的基本原则。既承认了这一原则，就是承认文艺是对客观现实的意识形态式的反映，本身不能就是客观现实，客观现实是第一性的，文艺是第二性的。其次，我想谁也不能否认文艺是美的集中表现，美是文艺的一种特性。既然承认了这一点，就得承认研究美，就不能脱离艺术来研究……承认了文艺是一种意识形态，又承认了美是文艺的一种特性，应该得到的结论是什么呢？当然的结论是：美必然是意识形态性的。所谓'意识形态性的'，就是说，美作为一种性质，是意识形态的性质，而不是客观存在的性质。客观存在是第一性的，意识形态是第二性的。说美不是一种客观存在，就是说，美不是第一性的而是第二性的，正如'美'所形容的那个实体，艺术本身不是第一性而是第二性的。"②在这里，美和艺术都是第二性的，是对"存在决定意识"和"意识影响存在"的马克思辩证唯物主义认识论的应用。

第三，关于艺术是一种生产劳动的问题。根据马克思主义意识形态原理，艺术是一种意识形态，属于上层建筑，但在解释美是主客观的统一这个问题上，显得论证乏力。于是在细读马克思主义的经典文本时，朱先生又找到了另一条原理，即马克思《关于费尔巴哈的提纲》第一条中所谈到的问题："从前的一切唯物主义……的主要缺点是：对事物、现实、感性，只是从客体的或者直观的形式去理解，而不是把它们当作人的感性活动，当作实践去理解，不是从主观方面去理解。所以，结果竟是这样：和唯物主义相反，能动的方面却被唯心主义发展了，但只是抽象地发展了。"③根据这一原理，朱光潜在艺术是一种意识形态之上，又加上了另一条原则：艺术是一种生产劳动。

---

① 朱光潜：《朱光潜全集》第 5 卷，合肥：安徽教育出版社 1989 年版，第 65 页。
② 朱光潜：《朱光潜全集》第 5 卷，合肥：安徽教育出版社 1989 年版，第 112~113 页。
③ 《马克思恩格斯全集》第 3 卷，北京：人民出版社 1960 年版，第 3 页。

在朱光潜看来，把艺术看做一种生产劳动，这是马克思主义关于文艺的一个重要原则，这个原则能够超越简单的反映论，但在很多研究者那里被忽略了。他说："从生产劳动观点去看文艺和单从反映论看文艺，究竟有什么不同呢？单从反映论去看文艺，文艺只是一种认识过程；而从生产劳动观点去看文艺，文艺同时又是一种实践的过程。"①而认识过程和实践过程是应该统一起来的。从生产劳动的视角出发，能够更清晰地认识艺术的本质以及文艺反映现实的特性。朱光潜认为，这个原则应用于文艺上，至少能得出这样几个结论：文艺不仅要反映世界、认识世界，还要改造世界；文艺在现实世界这个原材料的基础上加上了创造性的生产劳动；艺术反映客观世界不是对现实世界的——呈现，而是"多一点东西"，这个多出的东西就是意识形态的作用。

朱光潜认为美感活动阶段是艺术之所以为艺术的阶段，因此应该是美学研究的中心对象，根据意识形态原则和生产劳动原则，他勾勒了美感、艺术等问题的大致轮廓，具体内涵包括以下几个方面：②

其一，美感经验或艺术活动是个复杂的过程，包括整个阶段的创造或欣赏活动的"意匠经营"。这个阶段有主动的创造，也有被动的感受，两方面互相作用。感受方面的"美感"不是对最后完成的形象的一次性评价或欣赏，而是在整个阶段起作用，影响着对形象的不断琢磨与修改。

其二，美感活动是一个生产劳动的过程，需要注意力的高度集中，是一种调动主观能动性和创造性的劳动，这种劳动根据感觉素材来塑造具体形象，也就是"形象思维"的过程。

其三，美感过程中，起作用的因素异常复杂，而且通常是不自觉的。一个人的生活经验、文化修养、意识形态的总和以及专业技术修养等都可以影响其创造或欣赏，这些因素是客观决定的，但是通过主观起作用。而在艺术活动中，人要作为整体的有机的人来看待，作为"社会关系总和"的人来看待。其中起主要作用的是意识形态，其次是个人经验，而意识形态通过个人生活经验起作用。

其四，意识形态是伴有情绪色彩的思想体系，它决定个体对事物的态度，形

---

① 朱光潜：《朱光潜全集》第 5 卷，合肥：安徽教育出版社 1989 年版，第 70 页。
② 朱光潜：《朱光潜全集》第 5 卷，合肥：安徽教育出版社 1989 年版，第 77~79 页。

成他对于人生和艺术的理想，有了这些态度和理想，某些事物、某些性质以及某些形状才使他满意或不满意。由此得出所谓美感，就是发现客观方面的某些事物、性质和形状适合主观方面意识形态，可以交融在一起而成为一个完整形象的那种快感。艺术创作就是要调配感觉素材与意识形态的关系，使二者符合的程度达到理想化程度，使美逐渐深化和丰富化，在这里，美感起判断作用，裁汰了丑的，深化了美的。

其五，美感生产过程的结果就是"物的形象"。"物的形象"不同于物的"感觉印象"和"表象"。"表象"是物的模样的直接反映，而物的形象（艺术意义的）则是根据"表象"来加工的结果。"表象"或"感觉印象"只反映了现实，艺术形象反映了现实，也改变了现实，反映了物，也反映了作者自己。物本身的模样是自然形态的东西，物的形象是"美"这一属性的本体，是艺术形态的东西，属于上层建筑，物本身的模样是不依存于人的意识的，而物的形象却必须既依存于物，又依存于人的主观意识。

经过这五个层面的阐发，朱光潜给出了他关于美和艺术的两个结论：

关于美，他认为，美是对于艺术形象所给的评价，也就是艺术形象的一种特性。美是既经过美感影响又经过美感察觉的一种特质。"如果给'美'下一个定义，我们可以说，美是客观方面某些事物、性质和形状适合主观方面意识形态，可以交融在一起而成为一个完整形象的那种特质。这个定义实际上已包含内容与形式的统一在内：物的形象反映了现实或是表现了思想情感。"①关于艺术，他认为，作为艺术的一种特性，美是属于意识形态的，只有这个意义的美才是美学意义的美，也只有这个意义的美才表现出矛盾的统一，即自然性与社会性的统一，主观与客观的统一。艺术克服了自然与社会、主观与客观的矛盾，把它们融成一个完整的艺术形象，使主观与客观统一起来了。

对于朱光潜这种将艺术看成生产劳动的观点，叶朗评价说："朱光潜试图用'艺术是生产劳动'这个命题来突破把美学作为认识论的旧框框。他的思路是：生产劳动是创造性的过程，这个过程的结果是'物的形象'，'物的形象'是主客

---

① 朱光潜：《朱光潜全集》第5卷，合肥：安徽教育出版社1989年版，第80页。

观的统一。这样就避免了直观反映论的局限。但马克思说的生产劳动是物质生产活动，而审美活动是精神活动，这二者有质的不同，朱光潜把它们混在一起了。更重要的是，引进'艺术是生产劳动'的命题，并没有从本体论的层面上克服'主客二分'的模式，并没有为美学找到一个本体论的基础——人和世界的本源性的关系。"①

但是在当时的论战中，朱光潜认为，他以"生产劳动与意识形态相结合的反映论"的观点来看待美和艺术，既能够与唯心主义划清界限，又能够促进马克思主义意识形态理论在美学领域的落实。他说："我接受了存在决定意识这个唯物主义的基本原则，这就从根本上推翻了我过去的直觉创造形象的主观唯心主义。我接受了艺术是社会意识形态和艺术为生产劳动这两个马克思列宁主义关于文艺的基本原则，这就从根本上推翻了我过去的艺术形象孤立绝缘，不关道德政治实用等那种颓废主义的美学思想体系。"②

闫国忠在评价朱光潜的美学话语体系时认为，朱光潜的美学中包含着许多闪闪发光的东西，比如他长期坚持的"美是主客观的统一"的命题，就是非常有意义的命题。因为"在西方，这种认识的形成标志了古典美学的终结；在中国，这一命题的提出预示了现代美学的开始。美学近几十年来的发展，可以说正是建立在这一命题基础上的。朱光潜对美感经验所做的分析，包括'孤立绝缘''心理距离''移情作用'及'内模仿'等，应该说是迄今为止国内学者做出的最为精到的分析，其中每个论点都值得我们去深入研究和论证"③。

实际上，朱光潜先生对于其认识论美学话语体系的建构，也有着真诚的反思，他说："我们应该提出一个对美学来说根本性的问题：应不应该把美学看成只是一种认识论？从1750年德国学者鲍姆嘉通把美学作为一种专门学问起，经过康德、黑格尔、克罗齐诸人一直到现在，都把美学看成只是一种认识论。……这不能说不是唯心美学所留下来的一个须经重新审定的概念。为什么要重新审定

---

① 叶朗：《从朱光潜"接着讲"》，转引自汝信、王德胜主编：《美学的历史：20 世纪中国美学学术进程》，合肥：安徽教育出版社 2017 年版，第 726~727 页。

② 朱光潜：《朱光潜全集》第 5 卷，合肥：安徽教育出版社 1989 年版，第 97 页。

③ 闫国忠：《朱光潜美学思想及其理论体系》，合肥：安徽教育出版社 2015 年版，第 1 页。

呢？因为依照马克思主义把文艺作为生产实践来看，美学就不能只是一种认识论了，就要包括艺术创造过程的研究了……我在《美学怎样才能既是唯物的又是辩证的》一文里还是把美学只作为认识论看，所以说'物的形象'（即艺术形象）'只是一种认识形式'。现在看来，这句话有很大的片面性，应该说：'它不只是一种认识形式，而且还是劳动创造的产品'。"①

马克思主义对朱光潜产生的影响无疑是巨大的。赵士林认为："不管朱光潜是否真诚地接受了马克思主义，他将马克思主义的相关理论系统、理论语言嫁接到自己的美学思想上确乎是相当成功的。这样，他既成功地保护了自己，在遭受批判的严峻形势下仍获得了话语权，又在一定程度上坚持了自己的思想。还应该强调指出的是，朱光潜在美学大讨论中绝不仅仅是被动地运用主流话语来保护自己，作为一位学养深厚、治学严谨的学界耆宿，他在援引马克思主义阐释美学问题时，也经常表现出自己的独立思考与创造性。"②马克思主义关于实践的观点、关于物质生产和精神生产二重性等理论使得他在看待美和艺术时具有超越认识论的可能性，遗憾的是未能贯彻下去。

在章启群看来，朱光潜所建构的"主客统一说"的认识论美学话语体系，体现了一种经验的、实证的色彩。朱光潜关于审美对象是"物的形象"而不是"物"，"花是红的"不等于"花是美的"等命题，完全可以用经验来实证。"从思维方式的角度来说，朱光潜的命题与 20 世纪西方哲学是相通的。而'实践美学'的命题则仍然属于传统的、思辨的。在这里，我们很清楚地看到朱光潜美学的一个内在的矛盾，就是他提出的命题与他所寻找的理论根据在思维方式上的内在矛盾。更确切地说，朱光潜提出了一些经验的、实证的命题，而试图用传统的、思辨的哲学原理来论证，这是朱光潜后期美学理论最基本，也是最深刻的矛盾之所在。"③

①　朱光潜：《朱光潜全集》第 5 卷，合肥：安徽教育出版社 1989 年版，第 70~71 页。
②　赵士林：《李泽厚美学》，北京：北京大学出版社 2012 年版，第 14 页。
③　章启群：《百年中国美学史略》，北京：北京大学出版社 2005 年版，第 238 页。

第四章

实践论美学话语体系
——以李泽厚为中心

在建构中国现代美学话语体系的历程中，另一个具有代表性的体系是建立在马克思主义的核心概念命题、术语基础之上的实践论的美学话语体系。在 20 世纪五六十年代的美学大讨论中，李泽厚将马克思主义哲学中的"实践"范畴引入美学研究，由此与朱光潜等美学家展开论战，并从美、美感以及艺术诸环节提出了一系列的新概念、新命题，涉及当时美学理论中的一些基本问题，产生了非常深远的影响。此后，以李泽厚为代表的坚持"实践论"的美学派别被称为"实践美学"，对 20 世纪后半叶中国美学学术界格局的形成具有至关重要的作用。

第一节　美学的研究对象与范围

在讨论美的本质之前，李泽厚先对美学的研究对象和范围进行了界定。众所周知，在"美学之父"鲍姆嘉通那里，美学是感性学，"美是感性认识的完善"。此后有关美学的研究对象到底是什么，不同的美学家给出了不同的解释。在其早期的重要著作《美学四讲》中，李泽厚首先分析了当时中国流行的三种关于美学的定义，分别为："美学是研究美的学科"，"美学是研究艺术一般原理的艺术哲学"，"美学是研究审美关系的科学"。李泽厚认为，这三种说法和定义都不完美，也不准确，应该从这门学科的具体历史和现状出发来看有没有统一的定义。通过对美学史以及美学问题的考察，他认为："所谓美学，大部分一直是美的哲学、审美心理学和艺术社会学三者的某种形式的结合。比较完整的形态是化合，否则是混合或凑合。在这种种化合、混合中，又经常各有侧重，例如有的哲学多一些，有的艺术理论多一些，有的审美心理学多一些，如此等等，从而形成各式各样的美学理论、派别和现象。"①因此，所有的美学理论只是在描述审美经验时提供一种视角或观念，而不是包罗万象、解释一切的完整体系。也就是说，"已经没有任何统一的美学或单一的美学。美学已成为一张不断增生、相互牵制的游戏之网，它是一个开放的家族"②。对于这个"开放的家族"，李泽厚重点考虑三种美学，分别是哲学美学、马克思主义美学，以及他自己建构的人类学本体论美学。

所谓哲学美学，就是从哲学角度对美和艺术进行探讨。这种美学形态，基本上是 20 世纪之前西方美学的主干。美学史上那些伟大的美学家，首先也都是哲学家，所提出的美学理论也都是其哲学理论的一个有机组成部分，比如柏拉图、康德、黑格尔等的哲学体系中都蕴含着丰富的美学思想。在李泽厚看来，这种形态的美学"经常只是作为某种哲学思想或体系的一部分或方面，从哲学上提出了有关美或艺术的某种根本观点，从而支配、影响了整个美学领域的各个问题，使人们得到崭新的启发或观念"③。提出这些美学理论的哲学家们，也不一定直接面对具体艺术作品或艺术问题做出回应，对艺术创作、鉴赏以及审美心理等，也不一定有精深的研究，但是他们在抽象甚至晦涩的表达中，提出的问题让人玩味。比如我们今天仍然会阅读柏拉图或者老子的著作，原因就在于，它们是"人生之诗"，"这诗并非艺术，而是思辨；它不是非自觉性的情感形式，而是高度自觉性的思辨形式；它表达和满足的不只是情感，而且还是知性和理性，它似乎是某些深藏永恒性情感的思辨、反思，这'人生之诗'是人类高层次的自我意识，是人意识其自己存在的最高方式，从而拥有永恒的魅力"④。就像柏拉图的著作中所表达出来的对"美本身"的探求，实际上都提出了一些至今仍没有解答的问题，比如艺术的本质等，这些问题在精神思辨领域，具有永恒的生命力。

① 李泽厚：《美学四讲》，武汉：长江文艺出版社 2019 年版，第 11~12 页。
② 李泽厚：《美学四讲》，武汉：长江文艺出版社 2019 年版，第 14 页。
③ 李泽厚：《美学四讲》，武汉：长江文艺出版社 2019 年版，第 16 页。
④ 李泽厚：《美学四讲》，武汉：长江文艺出版社 2019 年版，第 17 页。

　　经济的发展，科技的进步，以及由此而产生的西方现代哲学无时无刻不在挑战从哲学观点出发的美学和观点，但总是否定不了那些由哲学观念出发的美学。因为"美的哲学所要处理、探寻的问题，深刻地涉及了人类生存的基本价值、结构等一系列根本问题，涉及了随时代而发展变化的人类学的本体论"①。所以，时代在变化，对人生哲理的思辨也随着时代提出的问题而更新，人的永恒存在也将会使人的这种自我反思的哲学永恒存在，美的哲学探索也将永恒存在。

　　马克思主义美学是美学的另一种形态，也是中国现代美学的主流。从马克思、恩格斯，到卢卡奇和阿多诺，从苏联到中国，无论是哪一种美学，李泽厚都认为，从形态上来说，"马克思主义美学主要是一种艺术理论，特别是艺术社会学的理论"②。马克思主义者所讨论的议题主要是文艺与社会的关系问题，特别强调文艺与社会的反映论关系，文艺是对社会生活的反映和提高。因此，李泽厚说："马克思主义艺术论有个一贯的基本特色，就是以艺术的社会效应作为核心或主题。这社会效应，又经常是与马克思主义提倡的无产阶级的革命事业和批判精神联系在一起加以考虑、衡量、估计和评论的……马克思主义美学主要是一种讲艺术与社会的功利关系的理论，是一种艺术的社会功利论。"③这一点就跟康德等所提倡的"自律论"的艺术有非常大的不同，李泽厚以两种"距离说"来阐释这种不同。布洛的"距离说"认为，审美要超出日常的功利之外，对艺术作审美静观，而葛兰西也提出"距离说"，不过他认为艺术欣赏绝不应该是一种审美静观，而是要保持一定的距离，这样才能维护社会文明的立场，进而展开文化批判。可见，"这两种'距离说'，各自强调两个不同的方面，一个强调超社会功利性的审美心理特征，一个强调艺术的审美与社会功利的密切联系，或者说是强调除审美外，艺术有社会的、政治的、文化的作用和功能"④。

　　马克思主义美学之所以强调艺术与现实生活的这种反映论的关系，主要是着眼于文学艺术对现实生活和革命斗争的效用，从马克思到卢卡奇，乃至于中国的

---

① 李泽厚：《美学四讲》，武汉：长江文艺出版社 2019 年版，第 19~20 页。
② 李泽厚：《美学四讲》，武汉：长江文艺出版社 2019 年版，第 22 页。
③ 李泽厚：《美学四讲》，武汉：长江文艺出版社 2019 年版，第 23 页。
④ 李泽厚：《美学四讲》，武汉：长江文艺出版社 2019 年版，第 24 页。

马克思主义美学家都持这样的思路，因此，马克思主义美学的这种特征有其时代和历史的原因。"它是马克思主义本身的批判性、革命性和实践性在艺术——美学领域中的体现。"①但是时代的需要和特质发生了变化，斗争的、革命的马克思主义美学也必须根据变化了的时代来发展自己。现时代，建设而不是革命才是时代的主题，而且只有建设(包括物质文明建设和精神文明建设)才是更为长期的、基本的、主要的事情，它是人类赖以生存和发展的基础。因此，今日的马克思主义美学所重点关注、研究和解释的主要课题，应该是心灵塑造和人性培育问题。也就是说，"不能仅仅从无产阶级革命事业的角度，更应该从人类总体的物质文明和精神文明的成长建设的角度，即人类学本体论的哲学角度，来看待和研究美和艺术"②。就是在这样的语境中，李泽厚提出了人类学本体论的哲学，也由此创立了人类学本体论美学。

所谓人类学本体论美学，作为一种哲学美学，是李泽厚所命名的"人类学本体论哲学"或"主体性实践哲学"的重要组成部分，而这两个名称首次提出是在其《批判哲学的批判：康德述评》一书中："本书所讲的'人类的''人类学''人类本体论'，不是西方的哲学人类学那种离开历史社会行程的生物学的含义，恰恰相反，这里强调的正是作为社会实践的历史总体的人类发展的具体行程。它是超生物族类的社会存在。所谓'主体性'，也是这个意思。人类主体性既展现为物质现实的社会实践活动(物质生产活动是核心)，这是主体性的客观方面即工艺——社会结构亦即社会存在方面，基础的方面。同时，主体性也包括社会意识亦即文化——心理结构的主观方面。从而这里讲的主体性心理结构，首先是指作为人类集体的历史成果的精神文化、智力结构、伦理意识、审美愉快，概言之即人性能力。"③对于这一系列诸如"人类的""人类本体论""主体性"等概念，李泽厚说，不是源于某种经验的心理学，而是来自康德以来，包括马克思主义在内的人的哲学。他写道："康德的先验论之所以比经验论高明，也正在于康德是从作为整体

① 李泽厚：《美学四讲》，武汉：长江文艺出版社 2019 年版，第 26 页。
② 李泽厚：《美学四讲》，武汉：长江文艺出版社 2019 年版，第 31 页。
③ 李泽厚：《批判哲学的批判：康德述评》，北京：生活·读书·新知三联书店 2007 年版，第89 页。

人类的成果(认识形式)出发，经验论则是从作为个体心理的感知、经验(认识内容)出发……人类的最终实在、本体、事实是人类物质生产的社会实践活动……从哲学上说，这也就是，不是从语言(分析哲学)，也不是从感觉(心理学)而应从实践(人类学)出发来研究人的认识。语言学、心理学应建立在人类学(社会实践的历史总体)的基础上，真正的感性普遍性和语言普遍性只能建筑在实践的普遍性之上……而只有对实践的普遍性有正确理解，也才能解决康德提出的'先天综合判断'，亦即理性和语言的普遍性。"①对于李泽厚来说，认识、语言、符号等都是建立在实践的普遍性之上，离开了实践，主体、人类等都不可能被谈及。

李泽厚将人类学本体论哲学的基本命题定义为"人的命运"，因此"人类如何可能"就成了第一课题，他的《批判哲学的批判：康德述评》也就是通过对康德哲学的述评来论证这个问题。因为人类的认识如何可能、道德如何可能、审美如何可能，最终都来源和从属于人类何以可能。具体到美学上，他指出，并不是像很多学者所说的那样，美学观念的脉络是从康德到黑格尔，再到马克思，而是从康德出发，经由席勒，最后在马克思这里完成。原因在于，"贯穿这条线索的是对感性的重视，不脱离感性的性能特征的塑形、陶铸和改造来谈感性与理性的统一。不脱离感性，也就是不脱离现实生活和历史具体的个体。当然，在康德那里，这个感性只是抽象的心理；在席勒那里，也只是抽象的人，但他提出了人与自然、感性与理性在感性基础上相统一的问题，把审美教育看做由自然的人上升到自由的人的途径。这仍然是唯心主义的乌托邦，因为席勒缺乏真正历史的观点。马克思从劳动、实践、社会生产出发，来谈人的解放和自由的人，把教育学建筑在这样一个历史唯物主义的基础之上，这才从根本上指出了解决问题的方向。所以马克思主义的美学不把意识或艺术作为出发点，而从社会实践和'自然的人化'这个哲学问题出发……马克思讲'自然的人化'，并不是如许多美学文章所误认为的那样是讲意识或艺术创作或欣赏，而是讲劳动、物质生产即人类的基

---

① 李泽厚：《批判哲学的批判：康德述评》，北京：生活·读书·新知三联书店2007年版，第70~71页。

本社会实践"①。因此，人类学本体论哲学最终还是要回归到马克思主义的实践和社会生产，特别是《1844年经济学哲学手稿》中有关"自然的人化"的观点。

李泽厚认为，"自然的人化"包括两个方面："一方面是外在自然的人化，即山河大地、日月星空的人化。人类在外在自然的人化中创造了物质文明。另一方面是内在自然的人化，即人的感官、感知和情感、欲望的人化。动物也有感知、欲望和情感，动物性的感知、欲望、情感变成人类的感知、欲望和情感，这就是内在"自然的人化"。人类在内在自然的人化中创造了精神文明，所以自然的人化是物质文明与精神文明双向进展的历史成果。……外在自然的人化，人类物质文明的实现，主要靠社会的劳动生产实践。内在自然的人化，人类精神文明的实现，就总体基础说仍然要靠社会的劳动生产实践，就个体成长说，主要靠教育、文化、修养和艺术。"②就是在这样双向的自然的人化中，人作为"类"才成为可能。所以他说："人类以其使用、制造、更新工具的物质实践构成了社会存在的本体(简称之曰工具本体)，同时也形成超生物族类的人的认识(符号)、人的意志(伦理)、人的享受(审美)，简称之曰心理本体。理性融在感性之中、社会融在个体中、历史融在心理中……"③李泽厚认为，感性与理性、个体与社会、历史与心理的融合与统一，是未来哲学和美学必然的选择。因此，他写道："寻找、发现由历史所形成的人类文化—心理结构，如何从工具本体到心理本体，自觉地塑造能与异常发达了的外在物质文化相对应的人类内在的心理……将教育学、美学推向前沿，这即是今日的哲学和美学的任务。"④

在李泽厚人类学本体论的哲学框架中，工具本体(物质生产实践)通过社会意识铸造和影响着心理本体(认识、意志、审美)，但心理本体的具体存在和实现，也只能通过活生生的个人来产生作用。因此他的哲学是关于人的哲学，而且这种人的哲学不是抽象的人，而是作为血肉之躯存在的处于社会之中的个体。他

① 李泽厚：《批判哲学的批判：康德述评》，北京：生活·读书·新知三联书店2007年版，第435~436页。

② 李泽厚：《美学四讲》，武汉：长江文艺出版社2019年版，第34页。

③ 李泽厚：《美学四讲》，武汉：长江文艺出版社2019年版，第39页。

④ 李泽厚：《美学四讲》，武汉：长江文艺出版社2019年版，第40页。

总结说:"人类学本体论的哲学(主体性实践哲学)在探讨心理本体中, 当然要对'生''性''死'与'语言'以充分的开放, 这样才能了解现代的人生之诗。在这前提下的哲学美学便也属于人的现代存在的哲学。它关心的远不只是艺术, 而涉及了整个人类、个体心灵、自然环境, 它不是艺术科学, 而是人的哲学。由这个角度谈美, 主题便不是对审美对象的精细描述, 而将是对美的本质的直观把握;由这个角度去谈美感, 主题便不是对审美经验的科学解剖, 而将是陶冶性情、塑造人性, 建立新感性;由这个角度去谈艺术, 主题便不是语词分析、批评原理或艺术历史, 而将是使艺术本体归结为心理本体……作为本体的生成扩展的哲学。"① 在人类学本体论哲学框架内的美学, 对美的本质、美感、艺术都有其独特的解释和把握。

第二节　美是自由的形式

美学虽然是一个外来学科, 但是关于美的问题, 中国古代思想中也有很多解释。从字源学上看,《说文解字》认为, 美是个会意字, 从羊从大。后来段玉裁注为"羊大则肥美", 这显然将美与人的口腹之欲、与人的感性连在一起。还有人认为,"羊人为美", 人戴着羊头跳舞才美, 可见"美"与原始的巫术礼仪活动有关, 具有群体性的社会意义和内容。李泽厚将古代思想中有关美的两种解释联系起来, 认为:"如果把'羊大为美'和'羊人为美'统一起来, 就可看出:一方面'美'是物质的感性存在, 与人的感性需要、享受、感官直接相关, 另一方面'美'又有社会的意义和内容, 与人的群体和理性相连。而这两种对'美'字来源的解释有个共同趋向, 即都说明美的存在离不开人的存在。"② 其实无论是中国还是西方, 在古代美和善都是混为一体的, 经常是一个意思, 比如《论语》中"里仁为美"等, 而且据考证, 整部《论语》共 14 次谈到美, 且 10 次是在"善""好"的意义上说的, 古希腊人也是如此, 美既可以是"善"的意义上的, 也可以是"美丽"意义上的。

---

① 李泽厚:《美学四讲》, 武汉:长江文艺出版社 2019 年版, 第 42~43 页。
② 李泽厚:《美学四讲》, 武汉:长江文艺出版社 2019 年版, 第 48 页。

李泽厚认为，当美逐渐与善分离后，美逐渐演化成三种既联系又有区别的含义：感官愉快的强形式，即用强烈形式表现出来的感官愉悦；伦理判断的弱形式，即把严肃的伦理判断采取欣赏玩味的形式表现出来；专指审美对象，即使人们产生审美愉快的事物、对象，在这个意义上，美就等同于具有肯定性价值的审美对象，能够激起人们的审美感受，因而也总是具有一定的感性形式。① 但是李泽厚又指出，美与审美对象不是一回事。事实上，在 20 世纪五六十年代的美学大讨论中，他就既反对朱光潜"美是主客观的统一"说，也反对蔡仪的"客观说"。他认为，朱光潜看到了美的社会性，而忽略了美的客观性，蔡仪看到了美的客观性而忽略了美的社会性，美应该是客观性和社会性的统一。为了论证这一问题，他先提出了美的三种含义。

美的第一种含义是审美对象，是客观的某种物，但客观的物要成为审美对象，还需要一定的主观条件，包括具备一定的审美态度、人生经验、文化教养等，因此，审美对象(美学客体)与审美经验经常难以分割。② 第二种含义是审美性质，也就是李泽厚所说的："一个事物能不能成为审美对象，光有主观条件或以主观条件为决定因素(充分条件和必要条件)还不行，还需要对象上的某些东西，即审美性质(或素质)。"③第三种含义是美的本质、美的根源，所谓"美的本质"指"从根本上、根源上、从其充分而必要的最后条件上来追究美"，"美的本质不是美的性质，如对称、比例、节奏、韵律等，也不是审美对象，不能将其归结为直觉、表现、移情、距离等，而是从美的根源上探究'美'从根本上到底是如何来的"④。因此，探讨美是主观抑或客观的问题，就不是对审美对象或者审美性质这两个层面上的发问，而是在美的本质和根源上的发问，只有从美的根源，而不是从审美对象或审美性质来规定及探究美的本质，才是真正的哲学探问方式。

那么，美的根源究竟在哪里？李泽厚认为，就是"自然的人化"。他说："自

① 李泽厚：《美学四讲》，武汉：长江文艺出版社 2019 年版，第 48~50 页。
② 李泽厚：《美学四讲》，武汉：长江文艺出版社 2019 年版，第 53 页。
③ 李泽厚：《美学四讲》，武汉：长江文艺出版社 2019 年版，第 52 页。
④ 李泽厚：《美学四讲》，武汉：长江文艺出版社 2019 年版，第 56 页。

然的人化说是马克思主义实践哲学在美学上（实际也不只是在美学上）的一种具体的表达或落实。就是说，美的本质、根源来于实践，因此才使得一些客观事物的性能、形式具有审美性质，而最终成为审美对象。这就是主体论实践哲学（人类学本体论）的美学观。"①因此，在主体论实践哲学的视野中，美是一种客观性的"主客观的统一"，"仍然是感性现实的物质存在，仍是社会的、客观的……是因为：如果没有人类主体的社会实践，光是由自然必然性所统治的客观存在，这存在便与人类无干，不具有价值，不能有美。它所以是客观的，是因为：如果没有对现实规律的把握，光是盲目的主体实践，那便永远只能是一种'主观的、应有的'的善，得不到实现或对象化，不能具有感性物质的存在，也不能有美"②。李泽厚进一步将这种观念与格式塔心理学派的同形同构说作类比，在这一学说看来，人之所以产生审美感受，是因为自然形式与人的身心结构发生同构关系，当然这种同形同构不是生物生理学意义上的，而是由于外在自然事物的性能和形式与人类的客观物质性的社会实践合规律的性能、形式同构对应。因此，美的根源就在于人类的生产实践活动之中。这也就是李泽厚所说的："通过漫长历史的社会实践，自然人化了，人的目的对象化了。自然为人类所控制改造、征服和利用，成为顺从人的自然，成为人的'非有机的躯体'，人成为掌握控制自然的主人。自然与人、真与善、感性与理性、规律与目的、必然与自由，在这里才具有真正的矛盾统一。真与善、合规律性与合目的性在这里才有了真正的渗透、交融与一致。理性才能积淀在感性中、内容才能积淀在形式中，自然的形式才能成为自由的形式，这也就是美。"③因此，美是自由的形式，为什么这样说？因为"就内容而言，美是现实以自由形式对实践的肯定，就形式而言，美是现实肯定实践的自由形式"④。李泽厚进一步对自由、形式做出了解释，他写道："从主体性实践哲学看，自由是由于对必然的支配，使人具有普遍形式（规律）的力量，因此，主体面对任何个别对象，便是自由的。这里所谓'形式'，首先是种主动造形的

①　李泽厚：《美学四讲》，武汉：长江文艺出版社 2019 年版，第 58 页。
②　李泽厚：《美学四讲》，武汉：长江文艺出版社 2019 年版，第 59 页。
③　李泽厚：《批判哲学的批判：康德述评》，北京：生活·读书·新知三联书店 2007 年版，第436 页。
④　李泽厚：《美学论集》，上海：上海文艺出版社 1980 年版，第 164 页。

力量，其次才是表现在对象外观上的形式规律或性能。所以，所谓'自由的形式'，也首先指的是掌握或符合客观规律的物质现实性的活动过程和活动力量。美作为自由的形式，首先是指这种合目的性（善）与合规律性（真）相统一的实践活动和过程本身。它首先是能实现目的的客观物质性的现实活动，然后是这种现实的成果、产品。"①因此，"自由的形式"也就与"象征"等精神性的、符号性的意识观念的标记或活动拉开了距离。"这种在客观行动上驾驭了普遍客观规律的主体实践所达到的自由形式，才是美的创造或美的境界。在这里，人的主观目的性和对象的客观规律性完全交融在一起，有法表现为无法，目的表现为无目的（似乎是合规律性，即目的表现为规律），客观规律、形式从各个有限的具体事物中解放出来，表现为对主体的意味……于是再也看不出目的与规律、形式与内容、需要与感受的区别、对峙，形式成了有意味的形式，目的成了无目的的目的性。"②李泽厚反复强调，只有人类的社会生产实践活动，才是美的根源："自由（人的本质）与自由的形式（美的本质）并不是天赐的，也不是自然存在的，更不是某种主观象征，它是人类和个体通过长期实践所建立起来的客观力量和活动。……自由形式作为美的本质、根源，正是这种人类实践的历史成果。"③

对于李泽厚来说，主体性实践哲学的美学观不同于其他哲学的美学观的地方，就在于他认为世界首先是通过使用物质工具性的活动来呈现和展现自己，人首先是通过这种现实物质性的活动和力量来拥有世界、理解世界、产生关系。也正是从这里，可以了解到，为什么美不能是自由的象征，而只能是自由的形式（自由的力量）。④ 在他那里，"不是个人的情感、意识、思想、意志等'本质力量'创造了美，而是人类总体的社会历史实践这种本质力量创造了美"⑤，为了进一步论证这个观点，他从社会美和自然美两个层面作了阐释。

在社会美方面，他认为，美学一般很少谈社会美，但实际上，社会美非常重要，因为社会美正是美的本质的直接展现。我们至少可以从三个方面去理解社会

---

① 李泽厚：《美学四讲》，武汉：长江文艺出版社 2019 年版，第 64 页。
② 李泽厚：《美学四讲》，武汉：长江文艺出版社 2019 年版，第 64 页。
③ 李泽厚：《美学四讲》，武汉：长江文艺出版社 2019 年版，第 65 页。
④ 李泽厚：《美学四讲》，武汉：长江文艺出版社 2019 年版，第 66 页。
⑤ 李泽厚：《美学四讲》，武汉：长江文艺出版社 2019 年版，第 67 页。

美：第一，从动态过程到静态成果的层面理解。也就是说，社会美是合规律性与合目的性的统一，首先是呈现在群体或个体的以生产劳动为核心的实践活动的过程之中，比如存在于、出现于、显示于各种活生生的、百折不挠的人对自然的征服和改造，以及其他方面(如革命斗争)的社会生活过程之中。其次表现为静态成果或产品痕迹，比如欣赏巍峨的建筑等。第二，从历史尺度层面理解。因为人类的社会实践活动处在不断开拓和深入的过程中，在不同的时代，形成了不同的社会美的标准、尺度和面貌，随着社会实践的发展，社会美的内涵与标准也在不断提高、变迁和进步。第三，从技术工艺和生活韵律方面理解。李泽厚通过对中西方科学、技术、生产工艺的差异，以及由此带来的生活方式的差异的比较，提出当代社会的一个重大的课题，即"如何使社会生活从形式理性、工具理性(Max Weber)的极度演化中脱身出来，使世界不成为机器人主宰、支配的世界，如何在工具本体之上生长出情感本体、心理本体，保存价值理性、田园牧歌和人间情味"？也就是他所说的"天人合一"，当然这个"天人合一"，不仅有"自然的人化"，还包括"人的自然化"，也就是使整个社会、人类以及社会成员的个体身心与自然发展，处在和谐统一的现实状况里。① 因此，社会美，"不简单是指个人的行为、活动、事功、业绩等，而首先是指整个人类的生长前进的过程、动力和成果"②。

　　至于自然美，李泽厚认为很多美学理论将自然美排斥在美学领域之外是不对的，比如朱光潜认为自然无美，美只是人类主观意识加上去的。蔡仪认为自然美只与其本身的自然条件相关，与人类无关。李泽厚强调，自然美应该是美学研究的重要一环，因为自然美的存在关涉美的本质问题，而且对于自然美的欣赏，是有关消除异化、建立心理本体的重要问题。如何解释自然美？李泽厚认为，自然美是在人类实践活动与自然的历史关系中形成的，不管自然现象是否经过人类的改造，只因"被掌握了规律性"而被认为是人类历史的产物，这也就是"自然的人化"。因为"自然的人化"可分狭义和广义两种含义："通过劳动、技术去改造自然事物，这是狭义的自然人化。……广义的'自然的人化'是一个哲学概念。天

　① 李泽厚：《美学四讲》，武汉：长江文艺出版社 2019 年版，第 69~73 页。
　② 李泽厚：《美学四讲》，武汉：长江文艺出版社 2019 年版，第 73 页。

空、大海、沙漠、荒山野林，没有经人去改造，但也是'自然的人化'。因为'自然的人化'指的是人类征服自然的历史尺度，指的是整个社会发展达到一定阶段，人和自然的关系发生了根本改变。"①作为"自然的人化"的对应物，还存在"人的自然化"，这是整个人类历史过程的两个方面。"人的自然化"包括三个层次或内容：一是人与自然环境、自然生态的关系，人与自然友好和睦、互相依存，不是去征服、破坏，而是把自然作为自己安居乐业、休养生息的美好环境；二是把自然景物和景象作为欣赏、娱乐的对象，人投身于大自然，似乎与其合为一体；三是人通过某种学习，比如呼吸吐纳等，使身心节律达到与自然节律相吻合的合一的境界状态。显然，自然美并不是由于自身的缘故，而是由于人在改造自然的实践中，与自然产生了关系，自然也由此成了人的社会实践的产物。②

　　关于社会美与自然美，李泽厚总结说，社会美强调通过人类生产劳动的实践过程，对自然规律的形式抽离，在合规律性与合目的性的统一交融中，更多地是规律性服从于目的性。自然美则是以目的从属于规律的个体与自然的直接交往来补充和纠正社会美。社会美的"自然的人化"是工具本体的成果，自然美的"人的自然化"则是情感（心理）本体的建立过程。通过对社会美与自然美的分析，李泽厚从美的根源是自然的人化出发，对美的本质作了具体而明确的规定。

第三节　美感的二重性

　　美感问题跟美的问题一样，也是复杂而含混的。李泽厚认为美感问题属于心理科学范畴，是审美心理学所要专门研究的课题，但从哲学角度探讨美学问题，也必须将美感问题纳入进来，因为美感涉及心理本体问题，特别是情感本体。在19世纪，德国的费西纳就提出美学研究应从"自上而下的美学"转向"自下而上的美学"，也就是从哲学本体论的研究转向经验实证的研究，此后心理学诸流派异彩纷呈，提出了"移情说""距离说""内模仿说"等经典观点。李泽厚认为，这些流派和观点并没有全面描述审美经验，他要从哲学层面来阐释审美心理，即美感

---

① 李泽厚：《美学四讲》，武汉：长江文艺出版社 2019 年版，第 81 页。
② 李泽厚：《美学四讲》，武汉：长江文艺出版社 2019 年版，第 86 页。

的要点和特征。

李泽厚强调："从主体性实践哲学或人类学本体论来看美感，这是一个'建立新感性'的问题，所谓'建立新感性'也就是建立起人类的心理本体，又特别是其中的情感本体。"①那么"新感性"又是什么呢？李泽厚指出，他的"新感性"就是由人类自己历史地建构起来的心理本体，它虽然是动物生理的感性，但它是人类将自己的内在自然，也就是生理的感性存在加以"人化"的结果，即他所谓的"内在自然的人化"。李泽厚认为，自然的人化包括两方面：外在自然的人化和内在自然的人化，前者是外在自然世界如江河湖海的人化，也就是人类通过改造自然，改变了自然与人的客观关系，后者指的是人本身的情感、需要、感知、欲望乃至器官的人化，使生理性的内在自然变成了人，也就是人性的塑造。而这两个方面的人化，都是人类社会整体历史发展的成果。所以李泽厚说："从美学上讲，前者（外在自然的人化）使客观世界成为美的现实。后者（内在自然的人化）使主体获有审美情感。前者就是美的本质，后者就是美感的本质，它们都通过整个社会实践历史来达到。"②内在自然的人化，可以说是李泽厚有关美感的总观点，在这个总观点之下，他认为还可以细分为两个方面："感官的人化"和"情欲的人化"。

所谓"感官的人化"，就是马克思讲的感性的功利性的消失，或者说是"感性的非功利性的呈现"。马克思在《1844 年经济学哲学手稿》中特别强调了人的感官需要与动物不同，动物完全是功利性的，是为了其生理性的生存，而人不一样，人的感官虽然是个体化的，也受到生理欲望的支配，但是经过长期的劳动等"人化"的过程，感官就失去了仅仅作为维持生理生存的功利性质，不再是为了个体的生理生存的器官，而成了社会性的东西，也就是感性的社会性，它超脱了动物性生存的功利。也就是说，"人的感性失去其非常狭窄的维持生存的功利性质，而成为一种社会的东西。这也是美感的特点。它具有个体感性的直接性（亦即所谓直观、直觉……），但又不仅仅是为了个人的生存，它具有社会性、理性。所以，审美既是个体的（非社会的）、感性的（非理性的）、没有欲望功利的，但它

---

① 李泽厚：《美学四讲》，武汉：长江文艺出版社 2019 年版，第 102 页。
② 李泽厚：《美学四讲》，武汉：长江文艺出版社 2019 年版，第 104 页。

又是社会的、理性的，具有欲望功利的。也就是说审美既是感性的，又是超感性的。"①

　　所谓"情欲的人化"，指的是对人的动物性的生理情欲的塑造或陶冶。在李泽厚看来，这其实就是"性"与"爱"的差别，性是生理性的、动物性的，爱是社会性的、是人所独有的。因此，"人们的感情虽然是感性的、个体的、有生物根源和生理基础的，但其中积淀了理性的东西，有着丰富的社会历史的内容。它虽然仍然是动物性的欲望，但已有着理性渗透，从而具有超生物的性质"②。这实际上也是李泽厚自 20 世纪 50 年代就一直坚持的观点，即美感的两重性：一方面是感性的、直观的、非功利的；另一方面又是超感性的、理性的、功利性的。正如他在《批判哲学的批判》中所说的："感性之中渗透了理性，个性之中具有了历史，自然之中充满了社会；在感性而不只是感性，在形式（自然）而不只是形式，这就是自然的人化作为美和美感的基础的深刻含义，即总体、社会、理性最终落实在个体、自然和感性之上。"③这里的问题在于，理性的东西到底是怎样表现在感性中，社会的东西是怎样表现在个体中，历史的东西又是如何表现在心理中，李泽厚创造了"积淀"这个词，指的是社会的、历史的东西积累沉淀成为一种个体的、感性的、直观的东西，而这种"积淀"，是通过"自然的人化"的过程来实现的。

　　李泽厚声称，他所建立的"新感性"与马尔库塞的"新感性"是区别开来的，马尔库塞把"新感性"作为一种纯自然性的东西，他谈论的性爱、性解放，实际上是将性与爱等同起来了，性的快乐本身就是爱。但从整个文化历史的发展进程看，人类社会生活中总是陶冶性情——使"性"变成"爱"，这才是真正的"新感性"，感性中充满了丰富的历史、社会的内容。

　　那么，这种新感性是如何建立起来的呢？李泽厚指出其过程至少包括四个层面：感知、理解、想象、情感。

---

　　①　李泽厚：《美学四讲》，武汉：长江文艺出版社 2019 年版，第 109 页。
　　②　李泽厚：《美学四讲》，武汉：长江文艺出版社 2019 年版，第 110 页。
　　③　李泽厚：《批判哲学的批判：康德述评》，北京：生活·读书·新知三联书店 2007 年版，第 434~435 页。

首先是感知。李泽厚认为，感知是美感的起始阶段，人类"新感性"的建立，即在感知中由于渗透了其他心理功能、因素，使得这感知本身具有许多不被人们自觉意识到的超感知的成分。这些超感知的成分包含了认识、理解等，这正是人类感性的"进步"，而且这"进步"不是生理性的生物学意义上的进化，而是"历史所建构的文化心理结构的一种进程"，所以李泽厚说："人的审美感知已不是单纯的生理感官的愉悦，不是简单的同构对应，不是单一的感知和感受，而一般是既有动物性生理愉悦的机制，同时又是多重心理功能相综合的协同运动的结果。人类的审美感知已经是一个复杂的社会—生理产物。"①

其次是理解。李泽厚认为，其实在审美感知阶段，已经包含着朦胧的理解，这种理解既不是社会的约定，也不是逻辑的认识，而是一种对自然形式的领悟。在审美中，理解有四层含义：第一层是指意识到自己处在非实用的状态，不必对所见所闻做出行动上的反应；第二层是对对象内容的认识，特别是在再现类艺术中，对题材、人物、故事、情节以及技法、技巧的理性认识，经常构成欣赏的前提条件；第三层含义在于，在美感中，从理性方面认识对象的情感性质、技术特征；第四层含义乃渗透在感知、想象、情感诸因素并与它们融为一体的某种非确定性的认识之中，这种认识往往如此朦胧多义，以致很难甚至不能用确定的一般概念语言去限定、规范或解释它。②

再次是想象。李泽厚认为，想象是感知与理解的中介、载体，"想象大概是审美中的关键，正是它使感知超出自身，正是它使理解不走向概念，正是它使情感能构造另一个多样化的幻想世界"③。正是因为想象指示着、引领着、趋向于某种非确定性的认识，而不为概念性的认识所引导所规范，就使得艺术与科学明确区分开来。

最后是情感。李泽厚认为："情感使想象装上翅膀，趋向理解，化为感知……构成特定的审美状态，即一定种类的审美感受、审美经验。"④

---

① 李泽厚：《美学四讲》，武汉：长江文艺出版社 2019 年版，第 122 页。
② 李泽厚：《美学四讲》，武汉：长江文艺出版社 2019 年版，第 122~124 页。
③ 李泽厚：《美学四讲》，武汉：长江文艺出版社 2019 年版，第 126 页。
④ 李泽厚：《美学四讲》，武汉：长江文艺出版社 2019 年版，第 126 页。

这四种要素在美感中不是各自独立、泾渭分明的，而是彼此交融、相互渗透的，每一个要素本身也是由多种功能合成的，比如"'感知'包含生理感觉和心理认知，'理解'包含知性和记忆，'想象'包含期待和无意识，'情感'包含情绪、欲望和宣泄，等等"①。因此，李泽厚强调，美感不只是一种心理功能，而是多种心理功能的总和结构，也是一个复杂的、多项变量的数学方程式，而这些变量被组织在一种不同种类、不同性质的动态平衡之中，不同比例的配合就形成了不同的美感类型。但由于目前心理学、生理学等学科发展水平一般，只能做些表面的描述，而不能用精准的理论将人的心理结构以精确的形式表述出来，比如感知、想象、理解、情感在不同美感生成中到底占有多少比例等。因此，"从作为人类心理结构物态化成果的艺术作品中，研究由各种形式的不同配置而产生的不同心理效果，探测不同比例的心理功能的结合，是美学研究中大有可为的事情"②，由此也可以说明"自然的人化""建立新感性"的复杂性。

李泽厚进一步指出，建立"新感性"的最终结果是人的审美能力（审美趣味、观念、理想）的拥有和实现，审美能力表现为三种形态：悦耳悦目、悦心悦意、悦志悦神。

所谓"悦耳悦目"，就是指人的耳目感到快乐，但这种快乐，是"在生理性的基础上，由于社会性的渗入，在感知基础上，想象、理解、情感诸因素的渗入，我们的耳目感官日益拥有丰富的包容性……我们的耳目感知不仅一方面从纯自然生理要求中解放出来，而且也从纯社会意志支配下解放出来，而成为自由的感官。即耳目不只是认知而是享受，这享受不只是生理快感，而是身心愉悦。耳目愉悦的范围、对象和内容在日益扩大，这具体标志着陶冶性情、塑造人性、建立新感性的不断前进。它是人类的心理—情感本体的成长见证"③。

"悦心悦意"，是指通过耳目，愉悦走向内在心灵。李泽厚认为，悦心悦意是审美经验中最常见、最大量、最普遍的形态，几乎全部文学作品和绝大多数艺

---

① 李泽厚：《美学四讲》，武汉：长江文艺出版社2019年版，第220页。
② 李泽厚：《美学四讲》，武汉：长江文艺出版社2019年版，第135页。
③ 李泽厚：《美学四讲》，武汉：长江文艺出版社2019年版，第142页。

术作品，都呈现、服务和创造这种审美形态。心意的范围和内容远较耳目宽广得多，其"精神性""社会性"更突出，多样性、复杂性也更明显，当然更常见的是情欲的人化，它是对人类心思意向的培育。

至于"悦志悦神"，李泽厚认为这大概是人类所具有的最高等级的审美能力了。"'悦志'，是对某种合目的性的道德理念的追求和满足，是对人的意志、毅力、志气的陶冶和培育；所谓'悦神'则是投向本体存在的某种融合，是超道德而与无限相同一的精神感受。所谓'超道德'，并非否定道德，而是一种不受规律包括不受道德规则，更不用说不受自然规律的强制、束缚，却又符合规律(包括道德规则与自然规律)的自由感受。"①悦志悦神的快感不只是耳目器官的愉悦，也不只是心意情感的感受理解，它是整个生命和存在的全部投入，其特征在于："似乎是在对自然性生理性的强烈刺激、对立、冲突、斗争中，社会性、理性获得胜利，从而使感性得到了陶冶、塑造和构建。在西方，它表现为对自然生理的某种压抑、舍弃、否定甚至摧残，以透显其精神性所建的崇高，这种悦志悦神包含着苦痛、惨厉、残忍、非理性的强力冲突等因素或过程……在中国，由于乐感文化和理性的渗透主宰，作为崇高感受的悦志悦神主要表现为一种生命力量的正面昂奋，即所谓'天行健'的阳刚气势，表现为一种'与天地参'的人的自然化；通过艰苦的自我修炼，人与宇宙规律合为一体。"②这三种审美形态虽然有区别，但实际上又不可截然分开，它们都标志着人性的成长、心灵的成熟：悦耳悦目是在生理基础上但又超出生理的感官愉悦，主要培育人的感知；悦心悦意一般是在理解、想象力等功能的配置下培育人的情感心意；悦志悦神是在道德基础上达到某种超道德的人生感性境界。

在阐述美感二重性的过程中，李泽厚将美感、新感性、积淀等概念和范畴串联起来，统一到"自然的人化"和"人的自然化"等命题中来，并由人类的社会实践予以统摄，充分建构了其人类学本体论的美学系统。

---

① 李泽厚:《美学四讲》，武汉：长江文艺出版社 2019 年版，第 146 页。
② 李泽厚:《美学四讲》，武汉：长江文艺出版社 2019 年版，第 148~149 页。

第四节　积淀与艺术三层次

在李泽厚所建构的美学话语体系中，艺术是一个非常重要的组成部分。早在与朱光潜先生的论战文章《论美感、美和艺术(研究提纲)——兼论朱光潜的唯心主义美学思想》中，李泽厚就认为艺术是美学研究的一个非常重要的组成部分。他写道："艺术无论如何总是我们整个美学科学研究的主要目的和对象，一切关于美感和美的抽象理论的阐明，归根结蒂总还是为了具体地更有效地研究和帮助艺术的创作和批评。"①具体到艺术的研究，李泽厚认为，艺术中的美学问题就是艺术与现实的关系问题，而这个问题的具体化，就是艺术形象与艺术典型的问题，因为艺术是通过形象和典型来反映现实的，而在艺术创作中，就表现为形象思维的问题，因为艺术是通过形象思维来创造形象和典型，从而去反映现实的，这是马克思的唯物主义的根本要求，因为唯物主义肯定社会生活中客观现实美的存在，而艺术美就是对现实美的反映，但这种反映不是消极的静观，而是能动的集中和提炼。现实美本身的一个重要特征就是其具体形象性，这也就决定了艺术美的特性在于通过具体感性的形象来反映生活真实和真理。因此，"艺术的形象也即是现实生活的形象的反映。所以，形象就是艺术生命的秘密，没有形象，就没有艺术"②。典型又是艺术形象的核心，因为美的社会性就必然要求艺术形象的典型化，而典型问题必须通过形象思维来研究，这就形成了一个一以贯之的逻辑。李泽厚早期这种关于艺术的看法，实际上还是认识论的思维模式。

随着其主体论实践哲学的逐渐形成，李泽厚关于艺术的观点也有了很大的变化。这种变化表现在："他不再是从艺术与生活的直接关系中去考察艺术的本质，而是着眼于艺术与人的内在关系，也即着眼于艺术与人的审美经验以及人在实践基础上所形成的审美心理结构之间的内在关系，并主要从这种关系中来揭示艺术

---

① 李泽厚：《论美感、美和艺术(研究提纲)——兼论朱光潜的唯心主义美学思想》，《哲学研究》1956 年第 5 期。

② 李泽厚：《论美感、美和艺术(研究提纲)——兼论朱光潜的唯心主义美学思想》，《哲学研究》1956 年第 5 期。

独具的本质特征。这种转变的意义在于，它突出了艺术家在艺术活动中的主体地位，也突出了审美心理结构在生活与艺术之间的中介作用。这样，艺术的独特存在价值就主要不在于它是人们认识生活、把握真理的一种特殊的手段，而是在于艺术作为审美对象是人的本质的一种美的呈现。"①对于什么是艺术，李泽厚认为应该先界定什么是艺术作品，"何谓艺术品？只有当某种人工制作的物质对象以其形体存在诉诸人的此种情感本体时，亦即此物质形体成为审美对象时，艺术品才现实地出现和存在"②。从这个定义中，艺术品必须满足四个规定性：第一是人工制作的物品，第二是形体存在，第三是诉诸人的情感本体，第四是成为审美对象。这里，他特别强调只有成为审美对象，才是艺术作品，这显然是他接受了美学、现象学美学的影响，充分说明了李泽厚的思想资源是多元的。

李泽厚认为，当这些物质产品还没有成为专门的、纯粹的观赏对象时，它们还是负载了很多物质的、精神的功能，但是在这个过程中，由物质生产而来的各种形式感受，已经在这些产品的形式中展现和扩充开，它们已经在建构审美心理结构，即情感本体，而且逐渐从与其他结构的交融中分化、独立出来。所以他说："情感本体或审美心理结构作为人类的内在自然人化的重要组成，艺术品乃是其物态化的对应品。艺术生产审美心理结构，这个结构又生产艺术。随着这种交互作用，艺术作品日益成为独立的文化门类，使审美心理结构成为人类心理的颇为重要的形式和方面，成为某种区别于知（智力心理结构）、意（意志心理结构）的情感本体。从而，艺术是什么，便只能从直接作用、影响、建构人类心理情感本体来寻求规则或'定义'。"③

既然艺术作品是人的情感本体物态化的对应品，那么它显然也凝聚并呈现着人的内在审美心理结构。因此，与人在审美中所形成的美感经验的悦耳悦目、悦心悦意、悦志悦神相对应，艺术作品也同样有三个层次，即：形式层、形象层、意味层，而这三个层面又是经由"积淀"而来：原始积淀产生形式、艺术积淀产

---

① 张天曦、陈芳：《艺术：情感本体的物态化形式——李泽厚艺术思想述评》，《思想战线》2000 年第 2 期。

② 李泽厚：《美学四讲》，武汉：长江文艺出版社 2019 年版，第 156~157 页。

③ 李泽厚：《美学四讲》，武汉：长江文艺出版社 2019 年版，第 158 页。

生形象、生活积淀产生意味。

形式层其实就是艺术作品中的线条、色彩、形状、结构、韵律等要素，它们构成艺术作品的基本层次，也就是卡西尔所说的："外形化意味着不只是体现在看得见或摸得着的某种特殊的物质媒介如黏土、青铜、大理石中，而是体现在激发美感的形式中：韵律、色调、线条和布局以及具有立体感的造型。在艺术品中，正是这些形式的结构、平衡和秩序感染了我们。"①对艺术的审美，其实就是对形式规律的把握，对自然秩序的感受。那这些秩序、规则又从何而来？李泽厚认为，是因为原始积淀的作用。而"原始积淀，是一种最基本的积淀，主要是从生产活动中获得，也就是在创立美的过程中获得。……即由于原始人在漫长的劳动过程中，对自然的秩序、规律，如节奏、次序、韵律等掌握、熟悉、运用，使外界的合规律性和主观的合目的性达到统一，从而产生了最早的美的形成和审美感受。……在创立美的活动的同时，也使得人的感官和情感与外物产生了同构对应，动物也有同构对应，但人类的同构对应又由于主要是在长期劳动活动中所获得和发展的，其性质、范围和内容便大不一样，在生物生理的基础上，具有了社会性。这种在直接的生产实践的活动基础上产生的同构对应，也就是原始积淀"②。在李泽厚看来，即使在艺术形式的创造、更新与变迁中，也仍然存在从社会生产实践和生活实践中吸取、集中和积累的原始积淀问题，实践永远是艺术形式创造的最终的力量源泉。因此，他说："为什么不同时代不同民族有不同的工艺品和建筑物？为什么古代的工艺造型、纹样是那样的繁细复杂，而现代的却那么简洁明快？这难道与过去农业小生产和今天的工业化大生产、生活、工作的节奏没有关系？为什么当代电影的快节奏、意识流以及远阔的现实时空感和心理的时空感，使你感到带劲？因为这种时空感和节奏反映了一个航天飞行的宇宙时代的来临，它有强烈的现时代感。这些便是属于艺术形式感知层中的原始积淀问题。"③

如果说艺术作品的形式层是与人们心理的感知人化相对应，形象层则与人们

① ［德］卡西尔：《人论》，甘阳译，上海：上海译文出版社1995年版，第196页。
② 李泽厚：《美学四讲》，武汉：长江文艺出版社2019年版，第168~169页。
③ 李泽厚：《美学四讲》，武汉：长江文艺出版社2019年版，第171页。

心理的情欲人化相联系，其审美成果就表现为艺术积淀。所谓形象层，一般是指再现性的艺术作品中所呈现出来的如人体、姿态、行为、动作、事件、物品、符号图景等可以用语言指称的具象或具象世界。它所展现的是一个千变万化、意象纷呈、琳琅满目，具有不同层次和不同等级的幻象世界。在欣赏这个幻象世界的过程中，人们的心灵、情欲、兴趣甚至性格都会不自觉地受到感染、培育和塑造。这是因为"人的精神需要正如物质需要一样，是多元的多方面的，是丰富复杂和不断变化发展的，它需要各种文化养料来满足它、喂养它、培植它。各种不同性质、不同类型、不同层次、不同等级的文艺作品，通过其各种不同的形象层，起着这个作用"①。李泽厚认为，艺术作品的形象之所以会具有感染人的无穷魅力，不仅仅与引人入胜的情节、生死悲欢的故事、缠绵动人的爱情有关，最重要的原因应该是潜藏和积淀在这些形象深层的人性内容，有着"永恒的主题"。所谓永恒的主题，也就是爱（性爱、母爱）与死（战斗、死亡）两大方面，因为这两者"共同特征却正是它们一方面具有极其强大的原始本能的非理性和动物性因素、成分和性质；另一方面又由于社会性和理性的渗入和积淀而表现为丰富复杂的人生"②。所以古往今来，中西欧亚，千万种文艺，千万个文艺作品都不断围绕着性爱、母爱、战争、死亡这些"永恒的主题"转。从单纯的民歌和民间故事，到高级的上层贵族的艺术作品，从绘画、雕塑、音乐、舞蹈到诗歌、戏剧、小说、电影，几乎到处可见这些主题。显然，这与人的深层的无意识结构有关。"正是在这些深层结构里，积淀着、成长着人的内在心灵，这心灵的很重要的部分即是人化了的情欲。正是它，成为人的生命力量在艺术幻象世界中的呈现。这种所谓人的生命力量，就既有动物性的本能、冲动、非理性的方面，又并不能完全等同于动物性；既有社会性的观念、理想、理性的方面，又不能完全等同于理性、社会性，而正是它们二者交融渗透，表现为希望、期待、要求、动力和生命。它们以或净化、或冲突、或宁静、或急剧紧张的形态，呈现在艺术的幻象世界的形象层之中，打动着人们，感染着人们，启发、激励和陶冶着人们。"③

---

① 李泽厚：《美学四讲》，武汉：长江文艺出版社 2019 年版，第 184 页。
② 李泽厚：《美学四讲》，武汉：长江文艺出版社 2019 年版，第 184~185 页。
③ 李泽厚：《美学四讲》，武汉：长江文艺出版社 2019 年版，第 182 页。

　　第三个层面是意味层。所谓意味层，指的是艺术作品形象层的"意味"和贝尔所谓的"有意味的形式"中的"意味"，这种意味不脱离感知"形象"或"形式"，但又超越了它们。它既不只是五官感知的人化，也不只是情欲的人化，不只是情欲在艺术幻象中的实现和满足，而是人的整个心理状态的人化，且有一种长久的持续的可品味性。它类似"意义"，但不是意义，因为在李泽厚看来，意义诉诸认识，意味则诉诸情感的品味，它是超越语言的无意义而传递出"意义"，从而这意义只能是不可言传的本体意味，类似神学中的接近或接触到绝对本体世界或神的世界的"意味"。从意味层的这个角度来说，艺术作品感知形式层的"陌生化"，"便不再只是感官心理需要变异，它不只是用语言可能表达或说明的感知意味，而是在这感知（以及想象）的陌生变异中，从麻木中唤醒人们去感受和领悟人生和命运"，艺术作品的形象层，"便也不只是扩展经验，也不只是情欲的想象满足，而是在这种扩展和满足中，来确认、证实生命的意义（无意义）和动力"①。因此，真正优秀的艺术作品，就不仅仅是作为历史性的作品而存在，同时具有开放性和包容性，能为不同时代、不同地域、不同群体所接纳，并产生出新的意味。在李泽厚看来，艺术并不存在进步一说，但又仍然以其特定时代的心理同构不断结构着、丰富着整个人类社会的心理本体，也就是将实践凝练起来的历史存在，而这种存在是心理形式的存在，它赋予已消逝的历史以真实生命。所以，李泽厚接着说："如果说，在黑格尔，因为绝对理念是纯精神，是上帝，从而作为感性形象的艺术便必须过渡到宗教，而不能在自身中充分实现最高的精神层次；那么，在人类学本体论，则恰恰是在具有感性形象的艺术中便能实现最高的精神层次，这也就是人生的意味、生命的存在和命运的悲怆。这也才是艺术本身的本体所在。它自身即是一个并不依存于个体经验心理的自足的客观'世界'。也因为这伟大的人生意味在艺术作品世界中的保存，才使人类的心理—情感本体不断地丰富、充实和扩展……如果说，工具—社会本体由实践的因果性、时空性而建立而显现，那么心理—情感本体则由艺术对因果、时空的超越，而使人得到解放。面对那个艺术作品的世界，似乎勾销了时间，过去的成了现在的体验……

---

　　① 李泽厚：《美学四讲》，武汉：长江文艺出版社 2019 年版，第 206 页。

也似乎勾销了因果，果倒成了原因。于是情感从具体的时空因果中升华出来，享受着也参与着一个超因果时空的本体世界的构建：这就是心理—情感本体，它是物态化的艺术世界的本原和果实。"①生活积淀成为艺术作品的意味层，恰恰是对形式层和形象层原来积淀的某种突破而具有创新性质。这是因为，原始积淀和艺术积淀都有化内容为形式从而习惯化、凝固化的倾向，但生活积淀刚好相反，它引入新的社会氛围而革新、变换着原有的积淀。

李泽厚认为，虽然艺术作品有三个层次，积淀也有三种不同的性质和形态，但它们是交错重叠，彼此渗透而又难以区分的。这三种形态的划分，具有重要的意义，因为自20世纪下半叶以来，文艺理论界所秉持的就是艺术的内容与形式二分的观念，李泽厚从积淀的角度，将艺术划分为三个层次，是对内容形式二分法的突破，能够更深入到艺术作品本身中去。

第五节　实践论美学话语体系的理论贡献

尽管李泽厚声称，在其学术生涯的大半个时期内，尽管讲了很多"实践"，也讲了"美学"，但都没有将这两者结合起来叫做"实践美学"，这是别人加在他的头上的，直至21世纪初的一次关于实践美学的研讨会上，他才接受这个词。②但实际上，他自己曾给实践美学下过一个定义："所谓实践美学，从哲学上说，乃人类学历史本体论(亦称主体性实践哲学)的美学部分，它以外在—内在的自然的人化说为根本理论基础，认为美的根源、本质或前提在于外在自然(人的自然与环境)与人的生存关系的历史性改变；美感的根源在于内在自然(人的躯体、感官、情欲和整个心理)的人化，即社会性向生理性(自然性)的渗透、交融、合一，此即积淀说。由于人的生理—心理先天(器官、躯体和大脑皮层)和后天(经验、教育和文化)有差异，而使审美和艺术千差万别，极具个性。"③也就是说，

---

① 李泽厚：《美学四讲》，武汉：长江文艺出版社2019年版，第207~208页。

② 马群林：《从美感两重性到情本体——李泽厚美学文录》，济南：山东文艺出版社2019年版，第58页。

③ 马群林：《从美感两重性到情本体——李泽厚美学文录》，济南：山东文艺出版社2019年版，第54页。

李泽厚以马克思主义的历史唯物主义思想，特别是马克思《1844 年经济学哲学手稿》中讲的"自然的人化"为理论根据，以"工具本体"和"心理本体"为逻辑支点，建构了"人类学历史本体论"的实践哲学体系，而美学就是构建这个哲学大厦的有机组成部分，因此也就是哲学美学。就如一些论者所指出的，李泽厚的美学，"从'实践'出发，演绎出'美的客观性与社会性'的本质界定，由'自然的人化'肇始，考察美与美感，探讨美感的三种形态，进而为艺术品三个层次的划分提供依据，整个理论体系环环相扣、严谨缜密，构筑成既有独特理论出发点又能相互照应的有机统一体"①。

　　有学者认为，在实践美学的理论体系中，"美的本质"问题不应是追问的焦点，他们转而探讨"美的来源"问题："'美'不再是现成的有待认识的机械对象，它只能产生于人类社会的物质生产实践过程中，是人化了的自然，呈现为'客观性和社会性的统一'。实践美学不再从认识论角度谈'美是什么'，转而从'发生学'的视角，用'美如何发生''美如何可能'来对'美的本质'进行解答，从而使美学脱离'认识论''对象化'的框架而具有了'发生学'的历史视角。"②这一观点看到了实践美学在建构其话语体系过程中的基础性前提，以及带来的新变化。其实早在 20 世纪末期，闫国忠先生在评价李泽厚的美学贡献时就指出，李泽厚之于20 世纪中国美学话语体系的建构，具有五个方面的意义："第一，把美学探讨的中心从静态的美在何处，引向了动态的美是怎样发生发展的，从而大大推动了审美社会学的研究；第二，把实践概念引进到美学，而实践是历史概念，这就使美学超越认识论成为可能；第三，它的理论指向直接是作为实践主体的人，人的本质，人的尺度，人的创造力等，于是人本身成为美学的最大课题；第四，美学因此在一定程度上脱离了抽象的概念论争，而与人的生产劳动、自然环境的观赏以及艺术创作活动等实际问题结合起来；第五，引发了人们对研究马克思经典作家的美学著述，特别是马克思的经济学著述的兴趣，马克思主义美学脱离了带有旧

---

　　①　鹿咏、张伟：《"实践美学"的文本架构——李泽厚艺术思想的西学归宗与本土融创》，《安徽农业大学学报》（社会科学版）2016 年第 1 期。

　　②　王彩虹：《李泽厚实践美学超越"二元对立"思想之探析》，转引自湖北省美学学会编：《美学与艺术研究》第 11 辑，武汉：武汉大学出版社 2023 年版，第 199 页。

的唯物主义色彩的阴影，形成了新的特有的概念。"①

　　章辉也在相关文章中对实践美学的理论贡献进行了总结，他认为，实践美学的理论贡献表现在五个方面："（1）反对机械唯物主义美学，构造出人的美学，把美学问题的解决放在人改造自然的历史实践活动中，把美与人联系起来。（2）以人的本质力量的对象化定义美，肯定人的主体性，推崇人的改造现实的伟大力量。（3）美的本质问题是美学的重要问题，实践美学构成了中国当代美学从古典到现代的重要一环，为中国美学的现代性奠定了思想基础。（4）实践美学肯定了现实的美，而这种美是人们对现实的物质实践的结果，这一点在美学问题的解释上仍然是有效的，因为人们确实在现实的审美形式中体验到了审美情感，并以美学术语表达这种审美经验，追溯其中所肯定的审美对象。（5）实践美学所引起的数次美学争论和美学热，是中国当代美学留给后学的重要遗产，学术争论澄清了美学问题，深化了相关研究，美学热更是把美学研讨推向大众，提高了整个社会的艺术审美素养。"②对于实践美学的局限性，章辉归纳出了八点，这里不再赘述。

　　上述学者们的观点很好地总结了以李泽厚为代表的实践论美学话语体系的贡献以及存在的理论局限。我们认为，作为一种美学话语体系，实践美学在对美学相关问题的历史来源和社会学的解释方面，具有较强的解释力，甚至从一定程度上可以说，实践美学更多地为美学研究提供了历史唯物主义的观点和方法。之所以这么说，是与其核心范畴"实践"密切相关。

　　实践美学的逻辑起点就是"实践"，而"实践"是指人的物质生产实践，尤其是指制造工具和使用工具的活动，这就使得美学讨论具有超越狭隘的心—物二元对立框架的可能性。马克思在《1844年经济学哲学手稿》中，明确将"实践"赋予具体的和特殊的规定性。马克思写道："通过实践创造对象世界，改造无机界，人证明自己是有意识的类存在物……诚然，动物也生产。它为自己营造巢穴或住所，如蜜蜂、海狸、蚂蚁等。但是，动物只生产它自己或它的幼仔所直接需要的

---

①　闫国忠：《走出古典——中国当代美学论争述评》，合肥：安徽教育出版社1996年版，第408页。

②　章辉：《重审实践美学》，《甘肃社会科学》2021年第6期。

东西；动物的生产是片面的，而人的生产是全面的；动物只是在直接的肉体需要的支配下生产，而人甚至不受肉体需要的影响也进行生产，并且只有不受这种需要的影响才进行真正的生产；动物只生产自身，而人再生产整个自然界；动物的产品直接属于它的肉体，而人则自由地面对自己的产品。动物只是按照它所属的那个种的尺度和需要来构造，而人懂得按照任何一个种的尺度来进行生产，并且懂得处处都把内在的尺度运用于对象；因此，人也按照美的规律来构造。"①在这里，马克思并没有抽象地讨论人类的一切实践活动，而只是从人类学的角度，在将人与动物进行比较的基础之上，从生产实践上来阐释人的本质特征。动物的生产是在本能的控制下，按照"肉体需要"完成的，而人的生产则摆脱了本能的束缚，他懂得根据任何物种的方式来生产他所需要的物品，因而人的生产具有一定的创造性，而且人还懂得按照美的规律来构造他所需要的物品。

马克思所阐述的"实践"概念给予李泽厚以重要的启迪，他接受并改造了马克思的概念，认为："人的存在不只是自然生物的感性存在，也不是费尔巴哈那种抽象的'人与人的交往'的感性关系。人的本质是历史具体的一定社会实践的产物，它首先是使用工具、制造工具的劳动活动的产物，这是人不同于物（动物自然存在）、人的实践不同于动物的活动的关键。"②对于李泽厚来说，人的所有精神活动，如认识、情感、意志等如何可能，都是建基于人类的社会实践如何可能的基础之上的。以认识为例，他写道："'认识如何可能'只能建筑在'人类（社会实践）如何可能'的基础上来解答。只有历史具体地剖析人类实践的本质特征，才能解答人类认识的本质特征。认识的主体不是个人，从而出发点不是静观的感觉、知觉。认识的主体是社会集体，出发点只能是历史具体的能动的社会实践活动。正是从这里生产出人所特有的本质。"③事实上，在美学大讨论中，他就以"实践"来批评蔡仪，认为"蔡仪所主张'由现实事物去考察美'的'现实事物'，是缺乏人类社会生活实践内容的静观的对象。蔡仪美学的根本缺陷，我们觉得，首

---

① 《马克思恩格斯全集》第 3 卷，北京：人民出版社 2002 年版，第 273～274 页。

② 李泽厚：《批判哲学的批判：康德述评》，北京：生活·读书·新知三联书店 2007 年版，第 70 页。

③ 李泽厚：《批判哲学的批判：康德述评》，北京：生活·读书·新知三联书店 2007 年版，第 263～264 页。

先在于缺乏生活—实践这一马克思主义认识论的基本观点。蔡仪在考察美的客观的现实存在时，从来没有谈到人对于现实作为实践者的存在。……'人'在蔡仪这里也仅是作为鉴赏者、认识者而存在，根本没有看到'人'同时也是作为实践者、对现实的改造者的存在"①。因此，李泽厚认为，蔡仪的唯物主义是静观的唯物主义，没办法解释美学的一系列问题，而"要真正有现实事物来考察美、把握美的本质，就必需从现实(现实事物)与实践(生活)的不可分割的关系中，由实践(生活斗争)对现实的能动作用中来考察和把握，才能发现美(包括自然美)的存在的秘密"②。

　　李泽厚进一步指出，客观现实的美之所以存在，就在于美在本质上都是社会的。"当现实成为人类实践的成果，带着实践(生活)的印记，或者适合于人类实践(生活)，构成实践(生活)的基础、前提、条件，或者与人类实践(生活)相一致，推动着、促进着、帮助着实践(生活)——一句话，当现实肯定着人类实践(生活)的时候，现实对人就是美的，不管人在主观意识上有没有认识到或能不能反映出，它在客观上对人就是美的。"③这与车尔尼雪夫斯基"美是生活"的命题是一脉相承的，车尔尼雪夫斯基认为，不管任何事物，只要是我们在那里面看得见依照我们的理解应当如此生活的话，就是美的；任何东西，凡是显示出生活或使我们想起生活的，也就是美的。李泽厚将"美是生活"的命题放到了人类社会实践的基础上，实质上是运用马克思主义的实践观点对它进行了革命性的改造。

　　李泽厚用"实践"来解释说明美的本质等相关问题，其目的在于建构"有人"的美学，并且将关于美的静态分析与动态的历史发生过程联系起来。他说："我所主张的'美是客观的，又是社会的'，其本质含义不只在指出美存在于现实生活中或我们意识之外的客观世界里，因为这还只是一种静观的外在描绘或朴素的经验信念，还不是理论的逻辑说明，为什么社会生活中会有美的客观存在？美如何会必然地在现实生活中产生和发展？要回答这个问题，就只有遵循'人类社会生活的本质是实践的'这一马克思主义根本观点，从实践对现实的能动作用的探

①　李泽厚:《美学论集》，上海：上海文艺出版社1980年版，第121~122页。
②　李泽厚:《美学论集》，上海：上海文艺出版社1980年版，第144页。
③　李泽厚:《美学论集》，上海：上海文艺出版社1980年版，第146页。

究中，来深刻地论证美的客观性和社会性。从主体实践对客观现实的能动关系中，实即从'真'与'善'的相互作用和统一中，来看'美'的诞生。"①如何理解"真"与"善"的相互作用和统一，才能有"美"的诞生？李泽厚有其独到的论证。

　　李泽厚首先界定了"真"和"善"以及如何作用的问题。在他看来，客观存在的现实世界，独立于人类的主观之外，具有不依存于人的意识、意志的客观必然性，这就是"真"；人类作用于现实世界的感性物质力量，是人类有意识有目的的实践活动，而且具有社会普遍性，这就是"善"。只有那些符合社会客观规律的人类的主体实践，符合"真"（客观必然性）与"善"（社会普遍性）的要求，才是"理想"。这样一来，"一方面，'善'得到了实现，实践得到肯定，成为实现了（对象化）的'善'。另一方面，'真'为人所掌握，与人发生关系，成为主体化（人化）的'真'。这个'实现了的善'（对象化的善）与人化了的'真'（主体化的真），便是'美'。人们在这客观的'美'里看到自己本质力量的对象化，看到自己实践的被肯定，也就是看到自己理想的实现或看到自己的理想（用车尔尼雪夫斯基的话，就是看到了生活或'应当如此'的生活），于是必然地引起美感愉快。'美'是'真'与'善'的统一"②。因此，李泽厚认为，在人类社会实践中，自然人化了，人的本质力量对象化了，也就是"真"主体化了，"善"对象化了，这种真与善、合规律性与合目的性的统一，就是美，美的内容既是客观的，又是具有社会性的。

　　总体来看，在李泽厚的哲学架构中，通过"实践"，理性与感性、社会和个体、主观和客观、物质和精神这二元能够很好地融合在一起。就像杨春时所评析的："在一定程度上突破了传统哲学和美学（包括唯心主义和旧唯物主义）的主客对立二元结构，以实践一元论取而代之，从而为解决美的主客观性问题铺平了道路。"③铺平道路是一回事，"实践"这个概念有可能成为我们深入探讨美学问题的一个前提，但能不能直接套用实践哲学的思路来解决美学问题，又是另一回事，实践在说明美的来源问题上是行之有效的，但即使主客体都具备了审美活动的可

　　①　李泽厚：《美学论集》，上海：上海文艺出版社 1980 年版，第 160~161 页。
　　②　李泽厚：《美学论集》，上海：上海文艺出版社 1980 年版，第 161~162 页。
　　③　杨春时：《超越实践美学　建立超越美学》，《社会科学战线》1994 年第 1 期。

能性，但一定会发生么？这是一个问题。事实上，李泽厚晚年也意识到了这个问题，他说："我感觉实践是一个非常基础的概念。要把这个概念应用到某个具体的审美对象上去，那是要经历很多层次的，要经过转换的。包括事件本身，也是分几个层次的。我以前多次举过例子，说爱因斯坦提出的动能公式（$E=mc^2$）到最终制造出原子弹，那是经过了许多中间环节的，是需要一个过程的……涉及具体的一些美学问题，从一种基础的哲学理论到解释某一具体现象的理论，那也是要经过很多转换或层次的，这恰恰是实践论美学所要研究的。我以前只是提供一个基本的哲学看法，提供一个角度而已。"[1]

---

[1]　王柯平主编：《跨世纪的论辩实践美学的反思与展望》，合肥：安徽教育出版社 2006 年版，第 92~93 页。

第五章

中国现代美学话语体系建构的知识学构型

话语的知识学构型以相对统一的术语、命题和表述方式将特定范畴的知识对象纳入秩序化的表意体系之中，由此而生成的知识范式关于知识的陈述便具有了"真理性"，而"知识"一旦升级为"真理"，构造此知识的话语也就宣示了一种"言说真理"的权力。也正是在此意义上，本章深入话语体系内部，在微观层面，从术语、命题、表述方式等三个维度，探讨所建构的美学话语体系如何成为一个时代占据主流话语权的支配性话语体系。

第一节　术　语　维　度

术语或范畴是话语体系中最基本的构成单位。在建构中国现代美学话语体系的百年进程之中，美学家们提出并阐释了一系列核心术语与关键范畴，如"古雅""境界""意境""积淀"等，这些概念词汇或改造自中国古典美学，或借鉴自西方美学。

在建构"中国的美学"的话语体系进程中，代表西方美学核心的"美""审美"等概念并未在美学家的思想系统中占据中心地位，这是因为美学家们试图寻找真正属于中国人的审美特性及美感形态，并借此建构中国自身的美学理论体系与话语体系。其中，王国维、李泽厚所创构、运用的术语范畴最具代表性。而通过爬梳这些术语演进的历史进程，便可一窥美学家别异西方、立足中国的学术逻辑与理论策略。

其中，王国维提出的"古雅"概念便是有心与西方"立异"的范例。王国维在阐释中国古典美学思想资源时，试图以"古雅"一词创立"中国的美学"，从而区别于西方以"美""摹仿""表现"等概念为核心的美学系统。在《古雅之在美学上之位置》一文中，王国维对"古雅"做出清晰界定，他说："……除吾人之感情外，凡属于美之对象者，皆形式而非材质也。而一切形式之美，又不可无他形式以表之，惟经过此第二之形式，斯美者愈增其美，而吾人之所谓古雅，即此种第二之形式。即形式之无优美与宏壮之属性者，亦因此第二形式故，而得一种独立之价值，故古雅者，可谓之形式之美之形式之美也。"①此处所谓的"古雅"，就是"形式之美之形式之美"，亦即"第二形式"。王国维认为作为"第二形式"的"古雅"只能存在于艺术之中，而不能存在于自然之中，所以他借助具体艺术门类予以阐释，他以绘画、雕刻为例："绘画中之布置，属于第一形式，而使笔使墨，则属于第二形式。……凡吾人所加于雕刻书画之品评，曰神，曰韵，曰气，曰味，皆就第二形式言之者多"②，在文学作品中亦然，"西汉之匡、刘，东京之崔、蔡，其文之优雅宏壮，远在贾、马、班、张之下，而吾人之嗜之也，亦无逊于彼者，以雅故也。南丰之文，不必工于苏、王，姜夔之词，且远逊于欧、秦，而后人亦嗜之者，以雅故也"。由此观之，"第二形式"是与画品中的神、韵、气、味相类似的一种品质，它并非仅是艺术的形式之美，同样也具有内容方面的要素。不仅如此，王国维还将"古雅"对标西方美学中的"优美""崇高"（王氏称之为"宏壮"）等范畴，在他看来，"古雅"同样具有"优美""宏壮"这些范畴中的质素，并且独立于二者而存在，因此他称："古雅之原质，为优美及宏壮中之不可缺之原质，且得离优美宏壮而有独立之价值，则故一不可诬之事实也"③，而且就"古雅"与"优美""宏壮"对欣赏者所造成的审美感受而言，它们也是有区别的："优美之形式使人心和平，古雅之形式使人心休息，故亦可谓之低度之优美。宏壮之形式，常以不可抵抗之优势，唤起人钦仰之情；古雅之形式，则以不习于世俗之耳目故，而唤起一种之惊讶。惊讶者，钦仰之情之初步，故虽谓古雅为低度之宏壮，

---

① 王国维：《静庵文集》，沈阳：辽宁教育出版社1997年版，第163页。
② 王国维：《静庵文集》，沈阳：辽宁教育出版社1997年版，第163页。
③ 王国维：《静庵文集》，沈阳：辽宁教育出版社1997年版，第164页。

亦无不可也。故古雅之位置，可谓在优美与宏壮之间，而兼有此二者之性质也。"①

显然，王国维建构的"古雅"是与"优美""宏壮"等西方美学范畴"对标"的审美范畴，它与这些西方审美范畴既相似又有区别。尽管从某种程度上来说，这一范畴在王国维的思想系统中仍不可避免地带有康德"形式主义"美学的痕迹，但它毕竟是王国维从中国人对于诗、书、画等艺术形式的审美创造及独特的审美体悟出发加以提炼形成的。正如有学者所评述的，"古雅"这一范畴"显然不能够描述西方人的艺术和审美经验，但是对于中国人的艺术和审美体验来说，这是一个非常重要而又准确的描述和概括，是一个地道的中国美学范畴"②。

而王国维的"境界"与西方美学范畴的"对标"则更为彻底。如果说王国维所提出的"古雅"概念仍未摆脱以康德为代表的西方美学思想资源和观念体系的掣肘的话，那么他所提出的"境界"概念则是在建立"中国的"美学的过程中迈出的更大一步，因为它实现了从中国传统的古典诗话到现代中国美学话语体系的重大转折。

在《人间词话》中，他气势磅礴地宣称严羽、王士禛等人的理论并未抓住中国美学的核心，只有他自己所提出的"境界"理论才达到了"探本"的高度。他说："严沧浪《诗话》谓'盛唐诸公，唯在兴趣，羚羊挂角，无迹可求。故其妙处透彻玲珑，不可凑拍。如空中之音、相中之色、水中之影、镜中之象，言有尽而意无穷'。余谓北宋以前之词，亦复如是。然沧浪所谓'兴趣'，阮亭所谓'神韵'，犹不过道其面目，不若鄙人拈出'境界'二字为探其本也。"③为什么在王国维看来，严沧浪、王阮亭的"兴趣""神韵"只不过是"道其面目"，而他的"境界"才是"探其本"呢？我们认为叶嘉莹的解释最能道出其中的奥妙，在她看来，"境界"与"兴趣""神韵"存在着相似之处，因为"境界"也同样重视"心""物"相感后所引起的感受作用，但因为他们所标举的语词不同，所以其喻指之义也就有差异。具体说来，"沧浪之所谓'兴趣'，似偏重在感受作用本身之感发的活动；阮亭之所谓

① 王国维：《静庵文集》，沈阳：辽宁教育出版社 1997 年版，第 166 页。
② 章启群：《百年中国美学史略》，北京：北京大学出版社 2005 年版，第 38 页。
③ 王国维：《王国维文学论著三种》，北京：商务印书馆 2010 年版，第 26 页。

'神韵'，似偏重在由感兴所引起的言外之情趣；至于静安之所谓'境界'，则似偏重在所引发之感受在作品中具体之呈现。沧浪与阮亭所见者较为空灵，静安先生所见者较为质实"①。所谓"质实"则是因为沧浪和阮亭所列举的，只不过是对于感发作用的模糊朦胧的体会，也只能用玄妙的禅家之妙悟以及幽远恍惚的意象为喻，而"境界"是指诗人之感受在作品中的具体呈现，自然就同时包括了作者感物之心的特质以及作品完成后表达的效果，因此读者也就更容易把握其所指。② 从叶先生的分析中，我们可以看到王国维的"境界说"对于传统古典诗话、词话中核心概念的继承和超越。当然，对"境界"的重新阐发并不能证明王国维已经建立了现代形态的"中国的美学"，但是通过他的解释，至少能证明王国维在尝试用新的观念和视野来解释中国传统的诗学，从而为建构现代形态的"中国的美学"做出学术上的积累和准备。叶嘉莹先生也清楚地看到了站在中西学术交叉口上的王国维对建构"中国的美学"所作的努力，她如是评价道："静安先生之境界说的出现，则当是自晚清之世，西学渐入之后，对于中国传统所重视的这一诗歌中之感发作用的又一种新的体认。故其所标举之'境界'一词，虽然仍沿用佛家之语，然而其立论，却已经改变了禅宗妙悟之玄虚的喻说，而对于诗歌中由'心'与'物'经感受作用所体现的意境及其表现之效果，都有了更为切实深入的体认，且能用'主观'、'客观'、'有我'、'无我'及'理想'、'写实'等西方之理论概念作为评说之凭借，这自然是中国诗论的又一次重要的演进。"③

尽管王国维并未形成有关"中国的美学"的体系性理论，他的"古雅""境界"等概念也仍然是传统思想里的术语，虽有"旧瓶装新酒"之嫌，但是通过分析这些概念、范畴的内涵，王国维试图运用现代观念和眼光来重新思考中国传统的美学思想资源，并进行一种现代性转换的努力是显而易见的。

几十年后，李泽厚所建构的美学体系则更为成熟。他在康德的主体性美学与

---

① 叶嘉莹：《迦陵文集二·王国维及其文学批评》，石家庄：河北教育出版社 2000 年版，第296 页。

② 叶嘉莹：《迦陵文集二·王国维及其文学批评》，石家庄：河北教育出版社 2000 年版，第196~298 页。

③ 叶嘉莹：《迦陵文集二·王国维及其文学批评》，石家庄：河北教育出版社 2000 年版，第300 页。

马克思"自然的人化"的基础上，围绕美感二重性开创了实践派美学，其标识性术语是"积淀"。李泽厚在建构"积淀"这一范畴时，"中国的美学"在宗白华、朱光潜、蔡仪等美学家的努力下已粗具气象。所以"积淀"不再如"古雅"这样有心与西方美学立异，也不似"境界"那般超拔于中国古典美学，而是呈现出海纳百川的博大气象。

"积淀"这一范畴是兼综多方、广汇中西、"化用"创构的典范。李泽厚在《美感谈》中回顾其美学理论的创构之路时，曾如此说道："……要研究理性的东西是怎样表现在感性中，社会的东西怎样表现在个体中，历史的东西怎么表现在心理中。后来我造了'积淀'这个词。'积淀'的意思，就是指把社会的、理性的、历史的东西累积沉淀为一种个体的、感性的、直观的东西，它是通过自然的人化的过程来实现的。我称之它为'新感性'，这就是我解释美感的基本途径。"①这番话道出了创构"积淀"一词的论辩语境、理论特征与思想渊源。李泽厚是在探讨美感问题时创构的"积淀"，具体说来，"积淀"是在探讨"美在心还是在物？美是主观的还是客观的？是美感决定美呢还是美决定美感？"这一论辩语境中登场的。② 因此"积淀"便成了美感二重性的核心特征。李泽厚在坚守美的客观性、社会性这一基本立场的同时，既要借助"积淀"的前提，也就是那些"社会的、理性的、历史的东西"，来反驳朱光潜偏重美感的唯心主义论调，又要依凭"积淀"的结果，也就是那些"个体的、感性的、直观的东西"，来防止自身落入一味强调社会性、客观性的反映论窠臼之中。然而，马克思"自然的人化"绝非李泽厚唯一的思想渊源，"积淀"的创构也绝非一日之功。

可以说，创构"积淀"的历史进程相当繁杂，其中既包括对域外理论的批判吸收，也离不开从"积累"到"沉淀"再到"积淀"的本土"化用"。吉新宏以"多元调适"来概括李泽厚的理论特点，"李泽厚理论建构的特色：多元调适。首先是康德与黑格尔之间的调适互补，然后是用马克思主义与康德和黑格尔相调适，最后是用马克思、康德、黑格尔等西方理论资源和中国传统文化理论资源相调适；

① 李泽厚：《美感谈》，转引自《李泽厚哲学美学文选》，长沙：湖南人民出版社1985年版，第387页。

② 李泽厚：《美学论集》，上海：上海文艺出版社1980年版，第52页。

同时，上述三大部分的内部也存在着调适关系"①。

聚焦于李泽厚"积淀"这一范畴，学界在爬梳其思想资源时，往往会追溯到克莱夫·贝尔"有意味的形式"、荣格"集体无意识"、皮亚杰"发生认识论"及格式塔心理学，甚至苏联"社会派"美学与黄药眠的美学思想。李泽厚在美学大讨论中一登场便倡导"美感的客观的社会的功利性"，他首先借黄药眠的"积累"概念来反驳朱光潜："美感直觉比这种直觉(作者注：感性认识)是远为高级复杂的东西。它不是简单的生理学或心理学上的概念，而是人类文化发展历史和个人文化修养的精神标志。人类独有的审美感受是长期社会生活的历史产物，对个人来说，它是长期环境感染和文化教养的结果。心理学已经证明了日常生活中一般直觉的经验积累的客观性质，例如，听到熟人的声音就知道这是谁。而美感直觉与这种一般直觉不同的是，它具有着更高级的社会生活和文化教养的内容和性质。"②但李泽厚化用黄药眠"积累"概念时既有批判更有改造，而这又源于他对俄苏美学的密切关注。尽管李泽厚赞同车尔尼雪夫斯基的说法，"美感认识的根源无疑是在感性认识里面，但是美感认识与感性认识毕竟有本质的区别"，但他同样也不遗余力地批判车氏脱离社会实践的人本主义倾向。③ 实际上，李泽厚凭借"积淀"反驳"客观说""主客观统一说"的论辩思路深受苏联"社会派"美学代表人物伏·万斯洛夫的影响。④ 后来李泽厚再借"积累"一词对两种直觉进行了明确区分："一种是低级的、原始的、相当于感觉也可以说是在理性阶段之前的直觉。这就是朱光潜、克罗齐所说的'小孩无分真与伪'时的直觉。另外一种直觉可以理解为一种高级的、经过长期经验积累的、实际上是经过了理性认识阶段的直觉。这种直觉在日常生活中最简单初步的形态，就是巴甫洛夫所说的条件反射。其复杂的形态，就是数学家所说几何直觉能力，就是艺术家所说的'不落言筌，不涉理路'的刹那间的灵感，和种种善于敏锐地观察、捕捉具有本质意义的生活

---

① 吉新宏：《多元调适：李泽厚美学的理论性格》，《宁夏社会科学》2004 年第 3 期。
② 李泽厚：《美学论集》，上海：上海文艺出版社 1980 年版，第 10~11 页。
③ 李泽厚：《美学论集》，上海：上海文艺出版社 1980 年版，第 10~11 页。
④ 李圣传：《苏联"社会派"美学与李泽厚"实践美学"的本土建构》，转引自李圣传：《人物、史案与思潮：比较视野中的 20 世纪中国美学》，杭州：浙江工商大学出版社 2023 年版，第 75~90 页。

现象的能力等。"①

后来他又改用"沉淀"一词阐释美与美感的关联："……理解(知性)沉淀为知觉，成为感性的方面……情感沉淀为理想，成为理性的方面。"②而在其影响非常大的著作《美的历程》中，在讨论书法时，李泽厚则不再囿于"积累""沉淀""积淀"等特定术语，"……甲骨、金文之所以能开创中国书法艺术独立发展的道路，其秘密就在于它们把象形的图画模拟，逐渐变为纯粹化了(即净化)的抽象的线条和结构……一般形式美经常是静止的、程式化、规格化和失去现实生命感、力量感的东西(如美术字)，'有意味的形式'则恰恰相反，它是活生生的、流动的、富有生命暗示和表现力量的美"，③ 李泽厚更自如地以"纯粹化""净化""抽象"等词来代称"积淀"，所以其论述乍看起来是重弹克莱夫·贝尔的老调，但其实他早就在龙飞凤舞的抽象线条里注入了历史的、社会的、心理的、形式的"积淀"意涵。

总的说来，尽管李泽厚思想渊源众多，李泽厚在化用吸收这些理论时都予以批判之、改造之，因此其以"积淀"为核心的美学理论浸润着浓厚的中国文化气息与个人风采。通过分析"积淀"这一范畴的历史生成与理论化用，可以看出，对于李泽厚的理论发展而言，"积淀"是从美感二重性到新感性、情本体的理论桥梁；对于"中国的美学"的历史建构而言，"积淀"是广汇中西、自主创构范畴的绝佳典范。换言之，"积淀"本身便是李泽厚所赞赏的现代思想"转换性创造"的一大实绩。通过分析王国维、李泽厚等人所用术语的历史生成与理论化用，可以看出，美学话语体系建构历程中，标识性概念的确立，不是闭门造车，而是在尊重传统、中西互鉴的基础上创新的结果。

第二节　命题维度

命题是话语体系得以建立的血脉，汤一介先生甚至认为，中西方文化表述形

---

① 李泽厚：《美学论集》，上海：上海文艺出版社 1980 年版，第 77 页。
② 李泽厚：《审美意识与创作方法》，《学术研究》1963 年第 6 期。
③ 李泽厚：《美的历程》，北京：生活·读书·新知三联书店 2009 年版，第 45 页。

式的不同，往往就表现在命题之中。他说："中西文化的表述形式或常有不同，而这些特殊的表现形式往往包含在'命题'（proposition）表述之中，从中西文化'命题'表现的不同，或可有益于我们对两种文化的某些特点有所了解。从中国哲学说，对'真'、'善'、'美'虽可有多种'命题'的表述形式，但也许'天人合一'、'知行合一'、'情景合一'是一种中国式的特殊表述'真'、'善'、'美'的'命题'形式。因为，'真'应是讨论'人'与'天道'（自然）关系的问题，把'天'、'人'看成是有机的统一体。'善'应是讨论'人'的认知和行为如何在社会生活中实现其道德价值。'美'应是'人'的内在感情世界与外在的景物世界相接而发生美感。"[1]在汤一介看来，真、善、美可以有多种命题来表述，但是对不同的文化来说，有其基本的命题，比如在中国思想文化中，我们用"天人合一""知行合一""情景合一"等元命题来表述真善美等基本价值。

美学家们在讨论美学基本问题时，也会对意涵丰富的术语范畴进行选择、组合，进而建构出具有判断意味、价值关切的命题来。当然，我们也看到，术语范畴与命题之间既有联系又有区别，比如，"美育"仅是一个中性的术语、范畴、概念，但"以美育代宗教"却具有明确的向度，融汇着蔡元培的教育方针、美学观念，更反映着那个时代的思想状况。频繁出现的术语仅能证明其重要性，命题则具有鲜明的判断意味乃至行动指向，通常以判断性的短语或短句的形式出现。在张晶看来，命题具有显豁自明、客观有效、价值取向等特点。[2]"显豁自明"便是指命题的表述简洁明快、易于传播，比如，"知人论世""意在笔先"等；"客观有效"强调命题必须在逻辑上是一个真判断；"价值取向"则意味着命题必须有特定的观点、明确的指向，比如"美是人的本质力量的对象化"。可以说，建立、延续、改造话语体系的基础就在于所建构的命题之间的联系、区别、转换以及逻辑推演。

在建构"中国的美学"的话语体系进程中，宗白华、朱光潜、李泽厚这三位美学家所建构的美学命题大相径庭，通过剖析这些命题建构的深层指向，会发现

---

[1]　汤一介：《"命题"的意义——浅说中国文学艺术理论的某些"命题"》，《文艺争鸣》2010年第2期。

[2]　张晶：《命题在中国美学研究中的建构性价值》，《光明日报》2022年6月29日。

这是因为他们所设定的审美主体、所勾勒的审美图景大异其趣，由此建构的美学理论体系与话语体系也便各有千秋。

宗白华立足真实生活、民族精神倡扬"人生的艺术化"，着眼个体乃至民族的人格来建构美学命题，呈现出"关系价值论"的面貌。在这里，我们通过比较同受康德、叔本华影响的宗白华与王国维，探讨二者对"意境""境界"的不同阐释，便可以清晰地看出其各自建构美学命题时的迥异指向。其中，王国维极为推崇"无我之境"。他说："有有我之境，有无我之境。'泪眼问花花不语，乱红飞过秋千去。''可堪孤馆闭春寒，杜鹃声里斜阳暮。'有我之境也。'采菊东篱下，悠然见南山。''寒波澹澹起，白鸟悠悠下。'无我之境也。有我之境，以我观物，故物皆著我之色彩。无我之境，以物观物，故不知何者为我，何者为物。古人为词，写有我之境者多，然未始不能写无我之境。此在豪杰之士能自树立耳。"①而宗白华则认为艺术意境"以宇宙人生的具体为对象，赏玩它的色相、秩序、节奏、和谐，借以窥见自我的最深心灵的反映；化实景而为虚境，创形象以为象征，使人类最高的心灵具体化、肉身化"②。此处不难看出二者存在明显区别：前者唯有抹煞主体才能成就最高境界，而后者则强调主体其心灵层面的互动、赏玩。这是因为二者的立论基础有别：王国维美学思想的本体是由叔本华而来的"欲"或"欲望"，他认为人生不过是欲望的发现或表象，而欲望又难以在人生中得到完全的满足，因此人生便充满着欲望而不得的苦痛。那么如何解决这一人生难题呢？他认为，"此利害之念，竟无时或息欤……唯美之为物，不与吾人利害相关系，而吾人观美时，亦不知有一己之利害。何则？美之对象，非特别之物，而此物之种类之形式，又观之之我，非特别之我，而纯粹无欲之我也"，也就是说，王国维将解脱的可能寄托于超然于利害之外的审美之上，从而逃避意志的统治、欲望的折磨、人生的苦痛。质言之，王国维认为美是"可爱玩而不可利用者也"，因此审美对象必然"超然于利害之外"，所以审美活动自然应当"欲者不观，观者不欲"，那么审美主体便是"非特别之我，而纯粹无欲之我也"③。在杨春时看来，

① 王国维：《王国维文学论著三种》，北京：商务印书馆2010年版，第25页。
② 宗白华：《宗白华全集》第2卷，合肥：安徽教育出版社1994年版，第358页。
③ 王国维：《王国维集》第2册，北京：中国社会科学出版社2008年版，第152~153页。

王国维笔下的审美主体对事物的考察不再追问"何处""何时""何以""何用",而仅仅是"什么"①。所以王国维是借助"境界"摆脱中国古典美学中的"诗教"观和"文以载道"传统,而致力创构一种艺术自律论。

正因表述特征、立论本体与命题指向的不同,宗白华与王国维虽然探讨同一范畴,但却勾勒出截然不同的审美图景。宗白华首先认为艺术创造与艺术家对人生的经营及感悟大有干系,"端赖艺术家平素的精神涵养,天机的培植,在活泼泼的心灵飞跃而又凝神寂照的体验中突然地成就"②。宗白华设定的本体是"自然之条理"与"至动之生命"的统一,也就是"道表象于艺",在他看来:"凡一切生命的表现,皆有节奏和条理,《易》注谓太极至动而有条理,太极即泛指宇宙而言,谓一切现象,皆至动而有条理也,艺术之形式即此条理,艺术内容即至动之生命。至动之生命表现自然之条理,如一伟大艺术品。"③也就是说,艺术其旨归与宇宙之奥秘并无分别,这就决定了宗白华有别于其他美学家的美学命题——"人生的艺术化。"因此宗白华不拘囿于特定作品、艺术家之创作,而以"审美的观点"看待世界宇宙,他指出:"任何东西,不论其为木为石,在审美的观点看来,均有生命与精神的表现。"④所以在同样面临人生苦痛时,他推崇的做法并非是从人生逃向艺术,而是将人生当作艺术来经营,"这种艺术人生观就是把'人生生活'当作一种'艺术'看待,使他优美、丰富、有条理、有意义。总之,就是把我们的一生生活,当作一个艺术品似的创造"⑤。

因此"人生的艺术化"这一美学命题便提供了两大鲜明且有力的行动指向:一是将所有社会现象当作艺术品来看待,另一个是将生活当作艺术品来创造。所以在论及文艺作品时,宗白华尤为着眼艺术背后的艺术人格、民族精神。比如他在《唐人诗歌中所表现的民族精神》中的论述,"文学是民族的表征,是一切社会活动留在纸上的影子;无论诗歌、小说、音乐、绘画、雕刻,都可以左右民族思想的。它能激发民族精神,也能使民族精神趋于消沉。就从我国的文学史来看:

---

① 杨春时:《中国现代美学思潮史》,南昌:百花洲文艺出版社2019年版,第111~112页。
② 宗白华:《宗白华全集》第2卷,合肥:安徽教育出版社1994年版,第361页。
③ 宗白华:《宗白华全集》第1卷,合肥:安徽教育出版社1994年版,第548页。
④ 宗白华:《宗白华全集》第2卷,合肥:安徽教育出版社1994年版,第385页。
⑤ 宗白华:《宗白华全集》第1卷,合肥:安徽教育出版社1994年版,第179页。

在汉唐的诗歌里都有一种悲壮的胡笳意味和出塞从军的壮志，而事实上证明汉唐的民族势力极强。晚唐诗人耽于小已的享乐和酒色的沉醉，所为歌咏，流入靡靡之音，而晚唐终于受外来民族契丹的欺侮”，可见宗白华虽然强调人生的审美况味，但却始终满怀国族意识与忧愁幽思，并未堕入个人主义、享乐主义的窠臼之中。[1]

朱光潜聚焦美感经验剖析“意象情趣化/情趣意象化”这一命题，从心物统一的角度来探讨审美认识过程，即情感如何被激发、意象如何表现情感、如何传达意象、如何理解意象的客观化等一系列过程，从而呈现出“经验认识论”的面貌。朱光潜十分注重可感经验这一前提，他曾写专文反驳冯友兰在《新理学》中偏重“真际”忽视“实际”的做法：“真际是形而上的，实际是形而下的。实际事物的每一性与真际中每一理遥遥对称，如同迷信中每人有一个星宿一样。真际所有之理则不尽在实际中有与之对称或‘依照’之者，犹如我们假想天上有些星不照护凡人一样。”[2]在他看来，“真际”之“理”完全是部无法依凭、难以印证的“无字天书”。

那么朱光潜认为艺术之理、美的本质在何处呢？他在《谈美》中说道：“美不完全在外物，也不完全在人心，它是心物婚媾后所产生的婴儿。”[3]因此，朱光潜论“美”时往往与“美感”齐标并举，“美感起于形象的直觉。形象属物而却不完全属于物，因为无我即无由见出形象；直觉属我却又不完全属于我，因为无物则直觉无从活动。美之中要有人情也要有物理，二者缺一都不能见出美”[4]，可以看出朱光潜的“心物统一说”“主客观统一论”便是美与美感互相生成的结果。他以松树为例阐释：“拿欣赏古松的例子来说，松的苍翠劲直是物理，松的高风亮节是人情。从‘我’的方面说，古松的形象并非天生自在的，同是一棵古松，千万人所见到的形象就有千万不同，所以每个形象都是每个人凭着人情创造出来的，每个人所见到的古松的形象就是每个人所创造的艺术品，它有艺术品通常所具的

---

① 宗白华：《宗白华全集》第 2 卷，合肥：安徽教育出版社 1994 年版，第 121~122 页。
② 朱光潜：《朱光潜全集》第 9 卷，合肥：安徽教育出版社 1993 年版，第 45 页。
③ 朱光潜：《朱光潜全集》第 9 卷，合肥：安徽教育出版社 1993 年版，第 44 页。
④ 朱光潜：《朱光潜全集》第 2 卷，合肥：安徽教育出版社 1987 年版，第 44 页。

个性，它能表现各个人的性分和情趣。从'物'的方面说，创造都要有创造者和所创造物，所创造物并非从无中生有，也要有若干材料，这材料也要有创造成美的可能性。松所生的意象和柳所生的意象不同，和癞蛤蟆所生的意象更不同。所以松的形象这一个艺术品的成功，一半是我的贡献，一半是松的贡献。"①朱光潜首先强调"物"的存在，即感觉材料的先在性，也就是说，审美认识开始于对外物的经验、体悟；朱光潜同样也重视"我"的能动性，即认识主体的努力，审美认识因认识主体的能力有别、倾向不同而大异其趣。这便是情感如何被激发、意象如何表现情感这一过程。反过来，"有见于物为意象，有感于心为情趣"，也就是说，"我"此时将"物"看做"意象"，而"物"此时也在"我"的心中激荡起"情趣"，如此"物""我"便不可分隔了，此时"非此意象不能生此情趣，有此意象就必生此情趣"②。换言之，审美认识就必然伴随着"意象""情趣"双向感应的过程，因此"美之中要有人情也要有物理"。但"意象""情趣"应当互相感应到何种程度才算是"美"呢？这就涉及如何传达意象、如何理解意象的客观化这一过程了。朱光潜认为"美就是情趣意象化或意象情趣化时心中所觉到的'恰好'的快感"③，什么算"恰好"呢？如何准确描述这种情趣和意象相契合时的美感经验呢？朱光潜明确指出美感起源于"形象的直觉"，就是不掺杂联想而径直直觉到"意象""形象"，"美感的经验就是直觉的经验，直觉的对象是上文所说的'形象'，所以'美感经验'可以说是形象的直觉"。

因此"意象情趣化/情趣意象化"这一美学命题便提供了两大鲜明且有力的行动指向：一是强调美是特定主体感性认识的结果，二是指出美感仰仗主体的感性认识能力。这在朱光潜对"自然美"范畴的批判中表现得尤为明显，"其实'自然美'三个字，从美学观点来看，是自相矛盾的，是'美'就不'自然'，只是'自然'就还没有成为'美'"④。这是因为在朱光潜看来，"美"是一个形容词，不是名词；"美"是用来"表现""创造""直觉"的结果的，而不是用来指代名词"人"或

① 朱光潜：《朱光潜全集》第 2 卷，合肥：安徽教育出版社 1987 年版，第 44 页。
② 朱光潜：《朱光潜全集》第 9 卷，合肥：安徽教育出版社 1993 年版，第 369 页。
③ 朱光潜：《朱光潜全集》第 1 卷，合肥：安徽教育出版社 1987 年版，第 347 页。
④ 朱光潜：《朱光潜全集》第 1 卷，合肥：安徽教育出版社 1987 年版，第 347 页。

"物"的。

而李泽厚基于马克思《1844 年经济学哲学手稿》中"人化了的自然界""人的本质力量的对象化"等实践观点，指出美和美感并非向来如此，而是历史地生成的，由此探讨审美活动中所积淀的历史实践，从而建构"自然的人化／人的自然化"这一实践美学命题，整体呈现出"实践本体论"的面貌。在美学大讨论中，李泽厚既要超越"客观派"与"主观派"，做到既能见"物"又能见"我"，又要克服朱光潜其审美结果因主体情趣不一而各自有别的弊端，于是他以马克思的实践观拓展了康德的主体性概念，建构了个别中蕴含普遍、共时中暗含历时的主体性实践美学，李泽厚专门解释了这一"双重"的主体性："第一个'双重'是：它具有外在的即工艺—社会的结构面和内在的即文化—心理的结构面。第二个'双重'是：它具有人类群体(又可区分为不同社会、时代、民族、阶级、阶层、集团等)的性质和个体身心的性质。"①其实马克思并未讨论异化劳动与审美的关联，只是分析了自由自觉的活动，而李泽厚据此类比审美活动，并借助积淀说将美的来源、美的基础、美的本质都归结于一个问题——实践。他指出："自由(人的本质)与自由的形式(美的本质)并不是天赐的，也不是自然存在的，更不是某种主观象征，它是人类和个体通过长期实践所自己建立起来的客观力量和活动……自由形式作为美的本质、根源，正是这种人类实践的历史成果。"②论及美感时同样如此，"内在自然的人化，是我关于美感的总观点"③，也就是说，人类的生产实践直接建立了人类工艺—社会结构，推动了自然的人化，从而让客体世界得以成为美的现实；而人类生产实践间接积淀于人类文化—心理结构，推动了人的自然化，从而让主体审美得以可能。简言之，自然的人化便是美的本质，而人的自然化则是美感的本质。

因此"自然的人化／人的自然化"这一美学命题便提供了两大鲜明且有力的行动指向：一是强调审美不唯共时的感性把握还包括历时的理性积淀；二是指出审美活动源自人类生产实践。因此，同样重视主观与客观的李泽厚在看待"自然

① 李泽厚：《李泽厚哲学美学文选》，长沙：湖南人民出版社 1985 年版，第 164~165 页。
② 李泽厚：《美学四讲》，武汉：长江文艺出版社 2019 年版，第 65 页。
③ 李泽厚：《美学四讲》，武汉：长江文艺出版社 2019 年版，第 106 页。

美"范畴时思路就与朱光潜大为不同，李泽厚认为存在"自然美"，但不源于其客观性，而源于其社会性。

总结起来，在宗白华生存论美学图景中，审美主体是一个鲜活且具体的人，是一个求真尚美但不乏忧患意识的人，他以艺术化的眼光看待人生，以打磨艺术品的方式经营人生；在朱光潜认识论美学图景中，审美主体则是一个超脱的、沉思的人，他以直觉感触艺术、以情趣浇筑形象，在一次又一次的寂然凝虑中对美感受之、欣赏之、创造之、反思之；而在李泽厚实践美学图景中，其审美主体既是特定历史中的小写的人，又是一个心理结构上积淀着丰富文化历史的大写的人，其关于美的话语体系结构实际上是共时层面感性把握、历时层面理性积淀的双重螺旋结构。

第三节　表述方式维度

一般来说，表述方式与话语的指涉关系相关，而指涉关系体现为确立能指与所指之间的关联方式，比如宗白华用"芙蓉出水"与"错彩镂金"来指涉中国传统艺术和审美中的两种美的理想。指涉关系的确立，意味着话语获得了阐释的普遍有效性。

尽管范畴术语是中性的，命题建构也是抽象层面的逻辑判断，但话语体系绝非空中楼阁，它借助知识陈述所展现出的"言说真理"的逻辑，往往也并非仅仅源于话语体系本身。质言之，在话语体系的建构中，范畴意味着"说什么"，命题则决定了"怎么说"，而时代语境、思想状况则是"为什么说""为什么说这个""为什么这样说"的底色。

从"美学在中国"的译介接受到"中国的美学"的积极建构，美学家们并不是亦步亦趋地追随西方先哲抽象地讨论"美""审美""趣味""自然美"等论题，而是因社会状况而生发、受时代环境所限制，所以其美学主张往往一方面饱含着历史寄托，一方面又肩负着历史重压。其中，由倡导"以美育代宗教"的蔡元培掀起的美育热潮、20世纪五六十年代的"美学大讨论"和80年代的"美学热"最具代表性。而通过分析这些论说的特征，则可一窥时代语境、思想状况何以成为"中国的美学"话语体系建构的底色。

在蔡元培"以美育代宗教"的论说之下，其实潜藏着启蒙与自由、去功利与重实用的矛盾性。蔡元培可堪中国 20 世纪初美学研究与美感教育最有力的倡导者、中国美学学科的创始人。他曾任北京大学校长、教育总长，在教育界、学术界、政治界均德高望重；1912 年，他在《对于教育方针之意见》中将美育列为国家五大教育方针之一；1917 年，他在北大发表"以美育代宗教"的著名演讲从而掀起美学热潮；1919 年他又撰写《文化运动不要忘了美育》批判新文化运动，等等。可以说，蔡元培与五四时期其他思想家一样，强调美育在启迪民智、改良社会中所发挥的作用。但其实蔡元培所接受的现代美学，尤其是康德美学，极其强调美的无利害性、普遍性和超越性。在彭锋看来，美学思想与美育实践的矛盾性既出于蔡元培身份上的两难，"蔡元培既是学者又是社会改革家。作为学者的蔡元培会很自然地接受现代美学，作为改革家的蔡元培，又无法拒绝实用主义思想"，这种矛盾也源于早期引进美学话语时的具体语境，"对美学的引进不是出于狭隘的学术动机，而是出于一种社会责任感，即要通过美学教育，改造旧中国封建教育思想，培养适应现代社会需要的新青年"①。

其实这种矛盾性是那个时代思想家普遍面临的时代难题，从梁启超"欲新一国之民不可不兴一国之小说"的论调到鲁迅的"国民性改造"话题莫不如此，纯粹的学问研究往往要让位于改造社会的文化实践，乃至演变成"救亡压倒启蒙"的局面。也正因此，在新文化运动时期，蔡元培尚能以"诗教"传统改造现代美学，从而将美感的普遍性、超越性、无功利性引导至精神的自由、人生的美化和社会的进步，其"以美育代宗教"的倡导也能在全国掀起热潮。但国家、民族进入生死存亡之际，这种循序渐进、潜移默化的美育自然也就没了市场。

而 20 世纪五六十年代的"美学大讨论"和 80 年代的"美学热"则更能显示出美学话语表述中时代语境、思想状况的底色。"美学大讨论""美学热"合力铸就了"中国的美学"基本的理论逻辑、话语形态与学派格局。其中有关美、美感、艺术的本质等问题均是这两次讨论的热点，美学家们在回应这些问题时，所依照

① 彭锋：《中国美学通史（第 8 卷）：现代卷》，南京：江苏人民出版社 2014 年版，第 155~156 页。

的重要思想资源是马克思的《1844 年经济学哲学手稿》，其中参与讨论的学者亦多有师承关系。

可以说，"美学大讨论"是在思想改造背景下的艰难言说。美学大讨论始于朱光潜在《文艺报》这片思想改造试验田里发表的自我检讨——《我的文艺思想的反动性》一文。随后批判文章蜂拥而至，讨论会接连召开，就连《人民日报》也连续发表大量美学批判文章。在"双百方针"的指导下，这场全国范围内的大讨论的确活跃了学术空气，普及了美学知识，但这场讨论对朱光潜，乃至西方近现代美学持全盘否定态度，在讨论"本质"时"主客二分"的认识论模式不但没有反映西方近现代美学的发展，也脱离了中国自身的美学精神与美感形态。李圣传则明确指出："五六十年代'美学大讨论'……是特定时期内'政治场域'向'文学场域'的一次学术突变，其知识话语则普遍源自域外经验下对'苏联美学模式'的借鉴移植……其话语模式和形态只是马克思框架内对'苏联美学话语'的借鉴与阐发，在意识形态话语挤压中，知识性话语的创构被严重阻塞，进而导致美学论证的思维方法较为狭隘，论争话题极为原初，学术层次较为有限。"①

关于这个问题，还是要回到历史现场，看看当事人在阐发自己的思想时，是用怎样的表述方式来向读者传达的。我们还是以朱光潜为例，看他在"美学大讨论"前后的表述方式有何差异。在其早期著作《文艺心理学》中，朱光潜以"美感经验"切入，以生动活泼、深入浅出的表述方式，对西方近代心理学美学的代表性流派进行了介绍，探讨了文艺与道德、艺术的创造、艺术的起源、审美范畴（如刚性美与柔性美、悲剧与喜剧）等一系列美学的基本问题。这本书是朱光潜建构其美学话语体系的重要尝试，最终也成了 20 世纪美学研究的经典著作之一。事实上，朱自清为《文艺心理学》所作的序言，很能代表朱光潜早期建构美学话语体系的表述方式方面的特征。

首先，朱自清肯定了《文艺心理学》的开创之功，开创了关于"美感经验"分析这一崭新的领域。"美学大约还得算是年轻的学问，给一般读者说法的书几乎没有……他这书虽然并不忽略重要的哲人的学说，可是以'美感经验'开宗明义，

---

① 李圣传：《人物、史案与思潮：比较视野中的 20 世纪中国美学》，杭州：浙江工商大学出版社 2023 年版，第 209~211 页。

逐步解释种种关联的心理的，以及相伴的生理的作用，自是科学的态度。在这个领域内介绍这个态度的，中国似乎还无先例。"①朱自清看到了朱光潜在其论述中，不仅解释"美感经验"所关联的心理机制，也与生理作用相伴随，这是此前中国古典美学研究中所未曾有的。因此，朱光潜引进并译介相关美学理论，居功至伟。

其次，朱自清认为该书的语言表达简洁流畅，适合读者入门。"我们现在的几部关于艺术或美学的书，大抵以日文书为底本；往往薄得可怜，用语行文又太将就原作，像是西洋人说中国话，总不能让我们十二分听进去。再则这列书里，只有哲学的话头，很少心理的解释……美学差不多变成丑学了。""这部《文艺心理学》写来自具一种'美'，不是'高头讲章'，不是教科书，不是咬文嚼字或旁征博引的推理与考据；它步步引你入胜，断不会教你索然释手。""全书文字像行云流水，自在极了。他像谈话似的，一层层领着你走进高深和复杂里去。他在这里给你来一个比喻，那里给你来一段故事，有时正经，有时诙谐；你不知不觉地跟着他走，不知不觉地'到了家'。他的句子，译名，译文都痛痛快快的，不扭捏一下子，也不尽绕弯儿。""你想得知识固可读它，你想得一些情趣或谈资也可读它；如入宝山，你绝不会空手回去的。"②这是一位文学大师对另一位美学大师的体贴入微的精准评价，既有对其文风、表达方式的评析，也对读者能从字里行间中收获什么给予了指导。

最后，朱自清肯定了在朱光潜的话语表述中，中西方思想得到了互鉴互证。"这是一部介绍西洋近代美学的书。作者虽时下断语，大概是比较各家学说的同异短长，加以折中或引申。他不想在这里建立自己的系统，只简截了当地分析重要的纲领，公公道道地指出一些比较平坦的大路。这正是眼前需要的基础工作。我们可以用它作一面镜子，来照自己的面孔，也许会发现新的光彩。书中虽以西方文艺为论据，但作者并未忘记中国；他不断地指点出来，关于中国文艺的新见

---

① 朱光潜：《朱光潜全集》第 1 卷，合肥：安徽教育出版社 1987 年版，第 522~524 页。
② 朱光潜：《朱光潜全集》第 1 卷，合肥：安徽教育出版社 1987 年版，第 522、523、525、526 页。

解是可能的。"①在对西方理论的具体阐释中，朱光潜先生确实不断地返回中国的文学艺术，彼此引证，如讲"审美距离"这个问题时，朱先生先以济慈的《圣亚尼节前夜》为例，认为这是一个善于制造"距离"的好例子。接下来，他马上回到中国文学，认为《西厢记》写张生初和莺莺定情的词虽然很淫秽，但是王实甫把这种淫秽的事情写在优美的意象里面，再以音调和谐的词句表现出来，于是我们的意识被美妙的形象和声音迷住，就不再想到淫秽之事，这也是"距离"的恰到好处。他还进一步发挥，认为"韵味比散文'距离'较远，所以很多淫秽的事表现于散文仍然是近于淫秽，表现于诗词就比较'雅驯'些；许多很悲惨的事表现于散文仍然是近于悲惨，表现于诗词就比较平和些"②。这是此前中国古典文学研究中，没有人意识到或解释出来的道理，朱光潜则以此为例，将"距离"的问题与中国古典文学挂钩，中国读者也很容易理解并接受这一美学理论。

而在 20 世纪五六十年代的"美学大讨论"中，朱光潜的自我批判引来更多的批判，于是朱自清式的评论不见了，代之而起的是这样的表述方式："朱先生的学问，骤看起来好像是很渊博，他兼收并蓄了诸家学说，他旁征博引了许多东西，似乎也能够头头是道。但是如果认真地把他的所有著作研读一下，那我们就会发现他的学说真像用许多破烂碎布勉强连缀成的破布片。"③考查朱光潜的美学观，"把朱先生的学说和当时的客观现实结合起来看，以证明他的美学思想的谬妄，以证明他的美学观的实际的反动的意义，以证明他自以为高超，实际并不高超，自以为摆脱，实际并不摆脱的真实情况……当然，我们也承认，朱先生在过去旧中国的知识分子群中，还算是比较用功的一个，他所涉猎的智识范围也相当广泛，在某些个别问题上，也还有一些见解，但这一切并不妨碍我们作出这样的判断：就是朱先生的整个美学思想体系，是敌视中国劳动人民的、反动的、剥削者的美学思想体系"④。这种论调在当时很具代表性，对于朱光潜学术思想的评

① 朱光潜：《朱光潜全集》第 1 卷，合肥：安徽教育出版社 1987 年版，第 523~524 页。
② 朱光潜：《朱光潜全集》第 1 卷，合肥：安徽教育出版社 1987 年版，第 228 页。
③ 黄药眠：《论食利者的美学——朱光潜美学思想批判》，转引自《文艺报》编辑部编：《美学问题讨论集》第 1 集，北京：作家出版社 1957 年版，第 69 页。
④ 黄药眠：《论食利者的美学——朱光潜美学思想批判》，转引自《文艺报》编辑部编：《美学问题讨论集》第 1 集，北京：作家出版社 1957 年版，第 134 页。

价，即使是肯定的部分，所用的词句也不外乎"骤看起来""似乎也能够头头是道""还算是比较用功""也还有一些见解"，要批判的部分，就更加"上纲上线"，极具攻击性，诸如"勉强连缀成的破布片""美学思想的谬妄""美学观的实际的反动的意义""敌视中国劳动人民的、反动的、剥削者的美学思想体系"，等等。

其实对于这样的话语方式，朱光潜自己也是有着清醒的认识的，在批判与自我批判一年后，1957 年，朱光潜在《文艺报》上发表了《从切身的经验谈百家争鸣》一文，文中，朱光潜表达了对大批判话语的反感和灵魂质问："在'百家争鸣'的号召出来之前，有五六年的时间我没有写一篇学术性的文章，没有读一部像样的美学书籍，或是就美学里某个问题认真地作一番思考。其所以如此，并非由于我不愿，而是由于我不敢。……在'群起而攻之'的形势下，我心里日渐形成很深的罪孽感觉，抬不起头来，当然也就张不开口来。不敢说话，当然也就用不着思想，也用不着读书或进行研究。人家要封闭我的唯心主义，我自己也就非尽力自己封闭唯心主义不可。我自己要封闭唯心主义，倒是出于至诚，究竟肃清了唯心主义没有呢？旁观的人对这个问题会比我自己能作出比较清醒的回答。我自己咧，口是封住了，心里却是不服。在美学上要说服我的人就得自己懂得美学，就得拿我所能懂得的道理说服我。单是替我扣一个帽子，尽管这个帽子非常合适，是不能解决问题的；单是拿'马克思列宁主义美学认为……'的口气来吓唬我，也是不能解决问题的，因为我心里知道，'马克思列宁主义美学'还只是研究美学的人们奋斗的目标，还是待建立的科学；现在每人都挂起这面堂哉皇哉的招牌，可是每人葫芦里所卖的药却不一样。"[①]这一段话中，夹杂着朱光潜复杂的心情，既有对自己好几年时间没有研究学问、研究美学的遗憾，也有对批判中的"扣帽子""打棍子""揪辫子"的不满意和不服气，还包含着对自己美学理论的自信以及对未来建立新的美学学科的憧憬。

劳承万曾将朱光潜的美学体系定位为四个维度，其中"哲人学说—艺术形而上学—艺术生理学"这三个维度是其美学体系的内容方向，第四维度即"语言表

---

① 朱光潜：《朱光潜全集》第 10 卷，合肥：安徽教育出版社 1993 年版，第 79~80 页。

现与方法论"是其形式方向。而内容三维中的每一维度都融合了"语言表现与方法论"①。朱光潜之所以在 20 世纪五六十年代的"美学大讨论"中始终没有被完全驳倒，而且能旗帜鲜明地提出自己的一家之言，并极力捍卫自己的观点，固然与其美学体系的三维内容相关，也与其话语表述方式严密相关。

到了 20 世纪 80 年代，美学话语体系的建构又出现了一次热潮，然而，这一次的"美学热"则是在审美意识形态洪流下的内突外转。虽然这两次美学讨论其实都是学术论辩、政治氛围的风向标，但"自上而下"的美学大讨论在 20 世纪 60 年代因政治问题戛然而止，而七八十年代之交掀起的美学热既有"自上而下"的文艺政策调整，如中共十一届三中全会所讲的"促进群众解放思想、开动脑筋"，又有"伤痕文学""星星画展"等"自下而上"的文艺创作实践的推动，因此感性的美学话语也便重新成为解放思想、从意识形态桎梏中突围的先锋。

20 世纪 80 年代"美学热"的积极"外转"，让美学讨论蔓延至当时的思想界与社会生活之中。"美学热"不仅延续着"美学大讨论"理论层面未竟的学术争鸣，美学层面的讨论、批判此时还是对"文艺黑线"思想的拨乱反正，"美学热"相较谨守红线的"美学大讨论"而言迈出了一大步。而与"文化热"相伴相生的"美学热"其实还反映着人们对真、善、美问题的思考，对感性解放的迫切需要。种种学术创新、文化实践、学科拓展都在这一时期大放异彩，形成了一派繁荣的景象。中国当代第一份美学刊物《美学》第一期"编后"便毫不讳言"美学热"的历史背景与动因："在我国，美学还是一门年幼的学科。解放前，只有少数人进行过零散的研究。解放后，开展过一些学术讨论，为进一步研究奠定了良好的基础。由于林彪、'四人帮'的破坏，十多年来，美学园地，一片荒芜。现在，'四人帮'倒台了，美学也获得了新的生机，无论是美学专业工作者还是业余爱好者，都希望有一个美学刊物。《美学》(第一期)正是这种大好形势下的产物。"②在"大好形势"之下，全国及地方美学会相继成立，大量美学刊物陆续发行。

---

① 劳承万：《融会中西的理论体系——朱光潜与 20 世纪中国美学》，转引自汝信、王德胜主编：《美学的历史：20 世纪中国美学学术进程》，合肥：安徽教育出版社 2017 年版，第 496 页。

② 中国社会科学院哲学研究所美学研究室编：《美学》第一期，上海：上海文艺出版社 1979 年版，第 285 页。

与此同时，"美学热"还向纵深"内突"。这一时期的美学讨论广泛吸收中国古典美学、欧美近现代美学的理论养料，更因"手稿热"与实践美学蔚为大观，美学讨论逐渐蔓延至哲学、文艺学领域，乃至形成了一个新的研究方向——"文艺美学"。但"美学热"始终潜藏着意识形态钳制与文化领导权失落的隐忧。美学首先凭借其"非政治性"的学术话语拓宽言说空间，又借助基于马克思文本的美学阐释而获得官方意识形态的部分支持，但重点还在于美学讨论为人们提供了个体生存意义与历史使命感，因此才促成了美学学科的繁荣、美学经典的流行乃至美学话语的泛滥。可一旦官方意识形态的思想政策有所调整，美学的讨论空间便会大受影响。更重要的是，当美学成为专门讨论的思辨话题时，美学的文化领导权反而失落了。一方面，美学学科在知识生产内部寻求方法论转型，以便跳脱出本质论、反映论、认识论的泥潭；另一方面，大众转向更为广泛的审美文化中体验美、消费美而不再思辨美、讨论美。换言之，当言说美学的话语体系卸下历史重担"轻装上阵"时，尽管其理论建构更为自由与深入，但同时也失去了某种"历史厚重感"。

总体来看，"以美育代宗教"并非纯粹的教育实践，其无利害性、普遍性、超越性的美感意涵与重实用、功利化的美育实践之间存在矛盾性，但很快，文化改造、思想启蒙等主题便让位于更为紧迫、更重实用的政治救亡任务。正如李泽厚所言："救亡的局势、国家的利益、人民的饥饿痛苦，压倒了一切，压倒了知识者或知识群对自由平等民主主权和各种美妙理想的追求和需要，压倒了对个体尊严、个人权利的注视和尊重。"[1]"美学大讨论"也并非抽象的学术论辩，它本身便背负着批判"资产阶级唯心主义美学"与"向苏联学习"的思想改造任务。就思想资源而言，欧美美学，尤其是自由主义倾向的受到排斥或规训；而苏联美学，特别是马克思主义的，广受推崇。在话语形态与命题向度方面，美学大讨论谨守"社会存在决定社会意识"的红线，长期深陷求索"美的本质"的认识论、反映论之中。相较而言，20世纪80年代的"美学热"逐渐走出"美学大讨论"的认识论模式而积极建构本体论、价值论，并深入思考"共同美""形象思维""人道主义""人性""主体性"等论题；但这场席卷全国的讨论热潮也随官方意识形态、民间文

---

[1]　李泽厚：《现代思想史论》，北京：东方出版社1987年版，第33页。

化、消费社会变动而涨跌起伏。可以说，正是这样或那样的时代语境、思想状况构成了话语体系建构时期的鲜明底色，它们或局限、或启发、或引导着"中国的美学"的话语体系建构。而中国美学正是在这种历史重担与历史馈赠错综交织的底色上谱就的，它们同时浇筑了"中国的美学"的壮阔历程与悲情意味。

第六章

知识生产模式转型与美学话语重构

1735年，21岁的鲍姆嘉通在其博士论文《关于诗的哲学默想录》中，提出了用 Aesthetica 这一术语来指称一门"关于事物是如何通过感官而被认知的科学"的构想。15年后，他发表《美学》第一卷，并根据先前的定义，将美学定义为感性认识的科学，鲍姆嘉通因此被称为美学之父。① 到了18世纪后半叶，特别是康德《判断力批判》从先验层面确立了美的普适性及审美的自律性之后，美学才真正获得了合法性与科学性，从而正式成为哲学的一个领域。自此以后，美学介入了文学和艺术研究领域，也逐渐形成了文学和艺术研究的知识生产新范式，即以审美经验描述的意义解读方法和以审美价值进行评判的学术立场，以美学为知识依据的文学艺术研究赋予了研究对象自为的知识边界、专属的阐释技术和独立的价值准则。②

然而，19世纪末20世纪初，德国的康拉德·费德勒（Konrad Fiedler）、玛克斯·德索（Max Dessoir）以及埃米尔·乌提兹（Emil Utitz）等人发起的"一般艺术学运动"，向美学纵横于文学、艺术研究领域的地位提出了挑战。在他们看来，艺术之所以有存在的必要，绝不仅仅是基于审美经验的考量，美学和艺术科学不是重合关系，而是交叉关系。事实上，在中国学术界，20世纪五六十年代的"美学

---

① 参见保罗·盖耶：《现代美学的缘起：1711—1735》，转引自［美］彼得·基维：《美学指南》，彭锋等译，南京：南京大学出版社2008年版，第13页。

② 参见冯黎明：《文学研究的学科自主性与知识学依据问题》，《湖北大学学报》（哲学社会科学版）2012年第2期。

大讨论"中，很多美学家在关于美学问题的辩论中，也对美学与艺术学的关系进行过恰当的辨析。比如洪毅然就明确指出，美学和艺术学是有区别的，美学研究的是艺术中所体现的审美意识，艺术学则研究创作技巧问题。这是相当有见地的看法。

　　艺术创作领域更是如此，由杜尚等艺术家所倡导的艺术理念及其"反美学"的艺术实践，持续地对传统美学的解释效力发起了冲击，以致出现了"美学的终结""艺术的终结"等耸人听闻的"终结性话语"。

　　因此，对于美学面临的这种状况，有人忧心忡忡，另外一些人则从中看到了复兴和新生的可能性。如果将美学放置于整个人类知识生产的演进中来看待的话，我们会发现，知识生产发展到了一个新的阶段，美学的知识生产方式正根据迥异于传统的新规则予以展开。

第一节　美学作为学科话语

　　事实上，在人类的文明发展史中，有关美的思考一直没有间断，也孕育了非常丰厚的美学思想。但为什么直到 18 世纪才确立一门学科性的美学来研究与人类的情感、感知相关联的因素？[①] 根据哈贝马斯的看法，自 18 世纪以来，知识系统在不断地分化，那些古老世界观遗留的问题可以有效地分成真理、规范的正确性、真实性与美等几个方面，"而这些方面又可以按知识的问题、正义和道德的问题、趣味的问题来加以处理。这样，科学表述、道德理论、法学、艺术生产和批评就能够依次被体制化。文化的每一个领域都可以和一定文化职业相对应，而其问题将由专家来关注和处理"[②]。因此，哈贝马斯的结论就在于，学科性美学的建立，是 18 世纪的启蒙哲学家们建构现代性事业的主要方案之一。启蒙哲学家们"按照其内在逻辑努力发展客观科学、普遍道德和法律、自律性艺术，同

　　[①]　关于美学的学科独立及其关涉的理论旨趣，可参见肖鹰：《论美学的现代发生》，《中国社会科学》2001 年第 2 期；张政文：《感性的思想谱系与审美现代性的转换》，《中国社会科学》2014 年第 11 期。

　　[②]　[德]哈贝马斯：《现代性：一项未完成的事业》下，行远译，《文艺研究》1994 年第 6 期。

时还要把这些领域中的认知潜能从其奥秘的形式中解放出来"，从而用专门化的文化积累来丰富人们的日常生活、合理安排日常生活。①

伊格尔顿指出，美学是一个资产阶级的概念，"作为一种理论范畴的美学的出现与物质的发展过程紧密相连，文化生产在资本主义社会的早期阶段通过物质的生产成为'自律的'——自律于传统上所承担的各种社会功能，一旦艺术品成为市场中的商品，它们也就不再专为人或物而存在，随后它们便能被理性化，用意识形态的话说，也就是成为完全自在的自我炫耀的存在。新的美学话语想要详细论述的就是这种自律性或自指性（self-referentiality）的概念……自律的观念——完全自我控制、自我决定的存在模式——恰好为中产阶级提供了它物质性运作所需要的主体性的意识形态模式"②。美学话语要论证的就是"自律性"或"自指性"的观念，也恰恰是这种自律性，使得一门学科性的美学独立起来。因此，伊格尔顿力图阐明的是："美学既是早期资本主义社会里人类主体性的秘密原型，同时又是人类能力的幻象，作为人类的根本目的，这种幻象是所有支配性思想或工具主义思想的死敌。美学标志着向感性身体的创造性转移，也标志着以细腻的强制性法则来雕琢身体；美学一方面表达了对具体的特殊性的关注，另一方面又表达了一种似是而非的普遍性。"③

伊格尔顿还进一步指出，美学在现代思想中之所以起着举足轻重的作用，有两个很重要的原因：其一，与其概念的含混、多义性有关；其二，涉及文化领导权问题。从前者来看，鲍姆嘉通认为美学至少涉及了三个领域：首先，作为哲学认识论中的一种思维学说，它涉及了感性认识，成为感性学；其次，作为研究美的本质认识和一般规律的学说，它是美学；最后，作为一般艺术理论的学说，它研究了艺术美的构成、创造、欣赏，成为艺术哲学。因为定义的这种不确定性和多义性，就"允许美学形成于各种成见中：自由和法律、自发性和必然性、自我

---

①　[德]哈贝马斯：《现代性：一项未完成的事业》下，行远译，《文艺研究》1994年第6期。

②　[英]特里·伊格尔顿：《美学意识形态》，王杰等译，北京：中央编译出版社2013年版，（前言）第8~9页。

③　[英]特里·伊格尔顿：《美学意识形态》，王杰等译，北京：中央编译出版社2013年版，（前言）第9页。

决定、自律、特殊性和普遍性，以及其他"①。就后者来看，则是因为"美学在谈论艺术时也谈到了其他问题，即中产阶级争夺政治领导权的斗争的中心问题。美学著作的现代观念的建构与现代资产阶级社会的主流意识形态的各种形式的建构，与适合于那种社会秩序的人类主体性的新形式都是密不可分的"②。伊格尔顿的解释部分说明了启蒙哲学家们在建构现代性方案时，何以对美学的独立、艺术的自律这么上心的原因。然而问题依然存在，与身体话语相关的"感性学"（或者说"美学"）③话语自身具有何种特性，这种特性在什么意义上能成为启蒙的一个组成部分？启蒙话语又关涉到怎样的物质发展状况、国家权力形式以及阶级力量的平衡等社会学机制？也是需要我们考量的问题。

　　名称的问题固然重要，但更重要的是所讨论的问题领域。在 18 世纪美学学科获得其合法性的过程中，有几个问题占据了非常重要的位置，分别是：审美经验和美的艺术概念的确立，崇高和天才概念的确立，主体性和个体性观念的确立，现代资产阶级意识形态的确立，自由想象观念的确立，等等。④ 这其中，康德给审美及艺术所定的规则使美学获得了自身的合法性与科学性，从而真正成为哲学的一个领域。在康德的理论中，他首先确定了美感经验的先验原则，从而弥补了经验性的描述所带来的非普遍性。在康德看来，审美判断的首要特点是无利害性，这也就是美的质的规定性，他说："每个人都必须承认，关于美的判断只要混杂有丝毫的利害在内，就会是有偏心的，而不是纯粹的鉴赏判断了。"⑤"鉴赏是通过不带任何利害关系的愉悦或不悦而对一个对象或一个表象方式作评判的

　　① ［英］特里·伊格尔顿：《美学意识形态》，王杰等译，北京：中央编译出版社 2013 年版，（前言）第 3 页。
　　② ［英］特里·伊格尔顿：《美学意识形态》，王杰等译，北京：中央编译出版社 2013 年版，（前言）第 3 页。
　　③ 伊格尔顿曾指出，美学这一概念首先指的不是艺术，而是"作为有关身体的话语而诞生的"，这一术语也不是要强化艺术与生活的区别，而是事物和思想、感觉和观念间的区别。所以，美学是"朴素唯物主义的首次冲动——这种冲动是身体对理论专制的长期而无言的反叛的结果"。参见［英］特里·伊格尔顿：《美学意识形态》，王杰等译，北京：中央编译出版社 2013 年版，第 1 页。
　　④ 相关问题的讨论，可参见彭锋：《西方美学与艺术》，北京：北京大学出版社 2005 年版，第 211~227 页。
　　⑤ ［德］康德：《判断力批判》，邓晓芒译，北京：人民出版社 2002 年版，第 39 页。

能力。一个这样的愉悦的对象就叫做美。"①也就是说，美感是在无利害关系的状态下所产生的一种主观的自由的愉悦。其次，从量的方面来说，"凡是那没有概念而普遍令人喜欢的东西就是美的"②。再次，从关系的角度来看，"美是一对象的合目的性的形式，如果这形式是没有一个目的的表象而在对象身上被知觉到的话"③。也就是说，审美是一种"无目的的合目的性"，最后，从模态来看，"凡是那没有概念而被认作一个必然愉悦的对象的东西就是美的"④。总之，康德关于美感分析的结果就是："美是……无利益兴趣的，对于一切人，单经由它的形式，必然地产生快感的对象。"⑤这就从先验的层面确立了美的普适性及审美的自律性，它不受外在的功利要素的制约，从而使美学成为人类知识序列中一个独立的领域。

此后，谢林在《德国唯心主义的最初的体系纲领》中宣称："理性的最高方式是审美的方式，它涵盖所有的理念。只有在美之中，真与善才会亲如姐妹，因此，哲学家必须像诗人那样具有更多的审美的力量。没有审美感的哲学家是吊书袋哲学家。精神的哲学就是审美的哲学。没有审美感，人根本无法成为一个富有精神的人，也根本无权充满人的精神去谈论历史。"⑥在谢林这里，原初只涉及低级认识论的"感性认识的科学"登上了哲学的顶峰。因此，正如肖鹰所评论的："自康德以来，在现代性前提下，美学的人文精神建构，把审美—艺术活动作为人自我实现的基本形式，即把美的本质设定为人自我本质性的对象化，主体性、自由精神和独创性观念等则成为美学的基本要素。"⑦作为哲学的一个分支学科，美学自诞生之日起，论证、阐释和指向的就是人的自由、主体性的原则以及现代艺术精神。

---

① ［德］康德：《判断力批判》，邓晓芒译，北京：人民出版社2002年版，第45页。
② ［德］康德：《判断力批判》，邓晓芒译，北京：人民出版社2002年版，第54页。
③ ［德］康德：《判断力批判》，邓晓芒译，北京：人民出版社2002年版，第72页。
④ ［德］康德：《判断力批判》，邓晓芒译，北京：人民出版社2002年版，第77页。
⑤ 宗白华：《美学散步》，上海：上海人民出版社1981年版，第263页。
⑥ ［德］谢林：《德国唯心主义的最初的体系纲领》，刘小枫译，转引自刘小枫：《德语美学文选》上卷，上海：华东师范大学出版社2006年版，第132页。
⑦ 肖鹰：《论美学的现代发生》，《中国社会科学》2001年第2期。

然而，由于科学技术的迅猛发展，20 世纪以来，世界发生了翻天覆地的变化，美学的知识生产也面临重重挑战，比如艺术领域，如何解释摄影技术出现后绘画艺术的变化，特别是杜尚等艺术家将现成品堂而皇之地搬进艺术馆之后，给美学带来了更大的挑战，奠基于康德哲学的传统美学理论话语无法解释小便器、布里洛盒子等现成品何以成为艺术。

具体到中国学术界的美学研究，20 世纪 90 年代以来，曾在中国美学界居于主流地位的实践美学遭遇越来越多的批评，涌现出了"后实践美学""新实践美学""生命美学""超越美学""身体美学""环境美学""生态美学""生活美学""休闲美学"等新的美学话语。这些美学话语一方面对实践美学予以批评，但同时又从实践美学中汲取营养，比如以杨春时为代表的学者们提出"后实践美学"（"超越美学"），来终结"实践美学"。

杨春时认为，实践美学是由古典美学向现代美学过渡的理论形态，存在着历史局限性，应该被扬弃、发展、超越。具体来说，表现在五个方面：实践美学仍然具有理性主义性质；实践美学重物质轻精神；实践美学重社会轻个体；实践美学虽然以实践统一了主客体，但并未彻底消除主客体的对立，因而也未彻底摆脱主客体对立的二元结构；实践美学的哲学基础是实践哲学，而实践哲学仅仅是一种本体论哲学，它没有进入解释学（即传统哲学的认识论与价值论）领域。[①] 在杨春时看来，审美与实践的特征是完全不同的，美学的逻辑起点应该建立在人的生存的超越特性上。因此，以生存作为逻辑起点的"超越美学"就具有了以下规定性："第一，生存具有理性基础，同时又具有超理性本质，因为人的生存总是超越理性局限，寻求终极知识和终极价值。审美不是理性活动，而是超理性活动，它突破理智，获得了对生存意义的终极领悟。第二，生存具有现实基础，但本质上是超现实的，因为它总是要突破现实局限，进入自由境界。审美不是现实活动，它以审美想象创造一个超现实的理想世界。第三，生存具有物质基础，但本质上是精神性的，精神性使人与动物相区别，它是生存的最高层次。审美不是物质活动，而是纯精神性的，美是精神性的对象而非物质实体。第四，生存具有社

---

① 杨春时：《超越实践美学》，《学术交流》1993 年第 2 期。

会基础，但本质是个体性的，这也是人区别于动物之处。人类历史就是个性走向独立和全面发展的历史，每个人都有自己独特的生存方式和意义世界。在现实领域，这种个体性受社会关系制约未能充分实现，但在审美活动中却能够得到充分发展和实现。因此，不是共性而是个性成为美的本质。第五，生存范畴克服主客二分模式，把主体与客体统一于生存状态之中。在现实生存方式中，主客体对立无法消除，在自由生存方式即审美中，主客体对立消失，主体充分对象化，对象充分主体化，因此，也就解决了美的主客观属性问题，即美不是主观的，也不是客观的，审美消除了主客观对立，美在主客观范畴之外。第六，生存范畴肯定了生存的超越性、自由性，因而也排除了因果决定论模式。审美作为自由生存方式，具有超因果非决定论性质。审美的性质、规律由自身，而不由他者决定。第七，生存非他人生存，乃自我生存，其他存在包括于其中。这样，就排除了把存在实体化、客观化倾向。由此出发，也就把审美作为自我生存活动，把美当作自我创造的对象，从而克服了把美客观化的弊病。第八，生存既是生产、创造，也是消费、接受。以生存为逻辑起点，就克服了实践美学的片面性，把审美作为生产与消费、创造与接受相同一的活动。第九，生存既属本体论范畴，又沟通解释学，因为生存是解释性的，它创造意义世界。这样，审美就既作为自存方式，又作为解释方式，具有了本体论与解释学相统一的哲学基础，理论体系上更趋完备。第十，以'审美是自由的生存方式和超理性的解释方式'的命题取代'美是人的本质力量的对象化'的命题，克服了实践美学以一般性代替特殊性的偏向，揭示了审美不同于其他活动的特殊本质。"①这十条规定性，就是"超越美学"的基本构想。在这里，"生存"代替了"实践"，但问题在于，"超越美学"的思辨方式，与实践美学仍是一脉相承的，实践美学完全可以以子之矛攻子之盾，来反驳"超越美学"。

如果说以"超越美学"为代表的理论话语还是与审美经验研究相关，多多少少还是在实践美学的基础上往前有所推进的话，赵汀阳对当代美学话语的批评

---

① 杨春时：《走向"后实践美学"》，《学术月刊》1994 年第 5 期。

就更加严厉。他认为，美学就是艺术批评，"美学不可能是一种理论，不可能比艺术批评走得更远、提供更多而有意义的解释，美学的理论从来都是一纸空话"，"只有明白艺术批评是怎样的才有可能明白美学应该是怎样的。美学绝不可能是一个高于艺术批评、在艺术批评之外的学科，只有在艺术批评中美学才获得确实的意义"①。赵汀阳的观点虽然极端，但在某种程度上具有一定的代表性。

特别是 21 世纪以来，美学理论研究方面虽有一定的突破，但是社会现实的境况变化巨大，因此，美学在面对新的世界情境时，提问方式、话语体系的建构也需要相应做出改变。

第二节　模式 2 的知识生产

随着社会的巨变，新的知识生产观念、标准、规范以及价值等开始形成，并适应整个社会发展的要求，一场剧烈的知识生产模式变革或转型运动正在发生着。1994 年，英国学者迈克尔·吉本斯(Michael Gibbons)等人合作出版了一本名为《知识生产的新模式：当代社会科学与研究的动力学》的著作，其主要目标在于探讨当代社会中知识生产模式所发生的重大变化。他们提出，在传统的、我们所熟知的知识模式之外，正浮现出一种新的知识生产模式。这种新的知识生产模式，"不仅影响生产什么知识，还影响知识如何生产、知识探索所置身的情境、知识组织的方式、知识的奖励体制、知识的质量监控机制等"②。他们将传统的知识生产模式命名为模式 1(Mode-1)，新的知识生产模式命名为模式 2(Mode-2)。模式 1 的知识生产主要是在一种学科性的、认知的语境中进行的，而模式 2 的知识，则是在一个更为广阔的、跨学科的社会和经济情境中被创造出来的。尽管吉本斯等人关于模式 1 与模式 2 的区分尚未被学术界普遍接受，但确实引起了

---

① 赵汀阳：《二十二个方案》，沈阳：辽宁大学出版社 1999 年版，第 244~245 页。

② ［英］迈克尔·吉本斯等：《知识生产的新模式：当代社会科学与研究的动力学》，陈洪捷、沈钦等译，北京：北京大学出版社 2011 年版，（前言）第 1 页。

很多学者的兴趣。以至于 7 年之后，吉本斯等人又合作出版了另一本著作，命名为《反思科学：不确定性时代的知识与公众》，进一步延伸了在《知识生产的新模式：当代社会科学与研究的动力学》中的观点，认为"模式 2 科学是在模式 2 社会的情境中发展起来的，模式 2 社会已经超越了现代性的分类方式，进入了包括政治、文化、市场，当然也包括科学和社会在内的各自独立的领域；因此，在模式 2 条件下，科学和社会已成为越界的舞台，相互融合并受制于相同的协同演化趋势"①。

对吉本斯等人来说，模式 1 作为一种知识生产模式，是一种理念、方法、价值以及规范的综合体，这种模式"掌控着牛顿学说所确立的典范在越来越多领域的传播，并且确保其遵循所谓的'良好的科学实践'。模式 1 旨在以一个单一的术语来概括知识生产所必须遵循的认知和社会的规范，使这种知识合法化并得以传播。很多情况下，模式 1 等同于所谓的科学，其认知和社会的规范决定了什么将被视为重要问题，谁可以被允许从事科学工作，以及什么构成了好的科学"②。在模式 1 中，设置和解决问题的情境主要由一个特定共同体的学术兴趣所主导，而模式 2 中，知识处理则是在一种应用的情境中进行的。模式 1 的知识生产是基于学科的，而模式 2 则是跨学科或者说超学科的。模式 1 以同质性为特征，模式 2 则是异质性的。在组织上，模式 1 是等级制的，而且倾向于维持这一形式，而模式 2 则是非等级化的异质性的，多变的。两种模式也有不同的质量控制方式，与模式 1 相比，模式 2 的知识生产担当了更多社会责任且更加具有反思性。模式 2 涵盖了范围更广的、临时性的、混杂的从业者，他们在一些由特定的、本土的语境所定义的问题上进行合作。③ 关于模式 1 知识生产与模式 2 知识生产之间的差异，表 6-1 以表格的形式更直观地呈现出来。

---

① ［英］迈克尔·吉本斯等：《知识生产的新模式：当代社会科学与研究的动力学》，陈洪捷、沈钦等译，北京：北京大学出版社 2011 年版，第 4 页。

② ［英］迈克尔·吉本斯等：《知识生产的新模式：当代社会科学与研究的动力学》，陈洪捷、沈钦等译，北京：北京大学出版社 2011 年版，第 2 页。

③ ［英］迈克尔·吉本斯等：《知识生产的新模式：当代社会科学与研究的动力学》，陈洪捷、沈钦等译，北京：北京大学出版社 2011 年版，第 3 页。

表 6-1 模式 1 与模式 2 的异同

	模式 1	模式 2
知识生产的指向	学术共同体的兴趣	应用情境
知识生产的基本框架	学科内部	跨学科或超学科
知识生产者贡献的技能和经验	同质性	异质性
知识生产的社会责任	为知识而知识，与社会无关	社会责任、反思性
知识的质量控制	同行评议	综合的、多维度的质量控制

为了清晰呈现模式 2 中知识生产的特性，我们可以进一步陈述吉本斯等人的观点。他们认为，在模式 2 中，至少有五个显著特征区别于模式 1，分别如下：

第一，模式 2 的知识生产是应用情境中的知识生产。在吉本斯等人看来，设置和解决问题的情境，是区分不同模式的知识生产的最重要区别。如果是按照某个特定学科的操作规则来设置和解决问题，其情境是由统治着基础研究或学科的认知及社会规范所规定的，缺少实用目的，这就是模式 1 的知识生产，在这种模式下生产的知识意味着与社会需求无关，只关注知识本身，是"为科学而科学"。如果"知识的生产是更大范围的多种因素作用的结果。这种知识希望对工业、政府，或更广泛地，对社会中的某些人有用……这种知识始终面临不断的谈判、协商，除非而且直到各个参与者的利益都被兼顾为止"①，即，知识在"应用情境"中被生产出来，这就是模式 2 的知识生产。按照他们的看法，模式 2 的知识生产也受到供需因素影响，但供应的来源极大地分化了，同样其需求也指向分化了的多种专家知识，所以模式 2 的知识生产是在整个社会扩散的。他们更进一步强调，模式 2 的"应用情境"不能仅仅等同于应用科学或工程科学（如航空工程等）学科的特点，它的"情境"更复杂，"是由一系列比很多应用性科学更加分化的知

① ［英］迈克尔·吉本斯等：《知识生产的新模式：当代社会科学与研究的动力学》，陈洪捷、沈钦等译，北京：北京大学出版社 2011 年版，第 4 页。

识和社会需求所决定的，而同时又可能促使纯粹的基础研究的进行"①。

第二，模式 2 的知识生产具有跨学科性。吉本斯等人指出，两种知识生产的模式都有一个明确的要求，即"知识探究由具有相关恰当的认知实践和社会实践的、可以指明的共识所引导"，但由于模式 2 知识生产是在具体的应用情境中产生的，这就决定了它与模式 1 局限于单一学科内部设置和解决问题的方式有非常大的不同。在模式 2 中，因为应用情境的复杂性，所以知识生产所提出和解决的问题超出了学科的界限，"在模式 2 中，最终解决办法的形成通常会超越任一单一的学科。它将是跨学科性的"②。这种跨学科性又具有鲜明的特征。首先是建立起一个解决问题的框架，而这个框架本身又是在应用情境中不断生成和发展的，也就是说，这种框架不是依据既定的知识构造出来，进一步去解决问题，而是在具体的情境中产生的。其次，跨学科所产生的知识不一定对某一个学科有贡献，无法在当前的学科版图上进行定位，但它发展出自己独特的理论结构、研究方法和实践模式。再次，知识生产成果的传播不是通过体制上的渠道（如专业期刊或学术会议等）传播的，其传播是在生产过程中就已经实现了。最后，跨学科性还具有动态特征。某一个特定问题的解决能够成为一个认知点，并由此获得进一步的发展，但这个知识下一步将会运用在何处，以及它将如何发展是很难预测的。所以吉本斯等人总结说："以这种方式生产出的知识可能很难与对这一成果有贡献的某一个学科相符合，也很难确认其与某一个学科机构相关联或者作为学科的贡献被记录下来。在模式 2 中，至关重要的是，成果的传播永远可以在新的配置中进行。"③在模式 1 的知识生产中，某一个发现、某一种理论的建立，可能是建立在另一个发现、另一个理论基础上的，而在模式 2 中，由于跨学科性，发现或理论的建立，可能存在于任何特定学科的限制之外，而参与者不需要回归到学科之中来确认其价值。

---

① ［英］迈克尔·吉本斯等：《知识生产的新模式：当代社会科学与研究的动力学》，陈洪捷、沈钦等译，北京：北京大学出版社 2011 年版，第 4 页。

② ［英］迈克尔·吉本斯等：《知识生产的新模式：当代社会科学与研究的动力学》，陈洪捷、沈钦等译，北京：北京大学出版社，2011 年版，第 5 页。

③ ［英］迈克尔·吉本斯等：《知识生产的新模式：当代社会科学与研究的动力学》，陈洪捷、沈钦等译，北京：北京大学出版社 2011 年版，第 5 页。

　　第三，模式 2 中知识生产的异质性与组织多样性。从人们所贡献的技能和经验方面来说，模式 2 的知识生产是异质性的。解决问题的框架不是固定的，而是不断发展的，解决问题的团队成员也应根据应用情境的不同而不断改变策略，而且解决问题的过程也不是由某一个中心主体来规划或协调的。此外，模式 2 的知识生产还具有这样一些特点：进行知识生产的场所数量大大增加。在模式 1 的知识生产中，大学和科研院所承担了其中的主要职责，而在模式 2 中，非大学机构、研究中心、政府的专门部门、企业的实验室、智囊团以及咨询机构等，都可以作为知识生产的力量发挥作用；与此同时，这些场所之间的联系方式也变得多样。然而，由于研究领域越来越分化为各种子领域或亚系统，它们之间再结合或重新布局，又会产生新形式的知识，最终，知识生产越来越快地由传统的学科活动转移到新的社会情境之中。特别典型的是，模式 2 的研究团队不像模式 1 那样以稳固的制度化的方式呈现，团队成员加入某些项目，围绕项目形成了各种网络，但是当问题得到解决或者重新定义之后，这些研究团队和网络也就解散了，成员们可能与不同的人，又在不同的时间、地点，围绕不同的问题，重新组合成新的团队。就像吉本斯等人所说："在这个过程中所汇集的经验创造出一种能力，这种能力非常宝贵且被转移到新的语境之中。尽管问题和解决问题的团队都可能是暂时性的，但是这种组织和沟通的形式却作为一个矩阵持续存在，从中将会形成针对不同问题的团队和网络。"[①]因此，模式 2 的知识是由多种不同的组织和机构，在不同的环境中创造出来的，与模式 1 知识的同质性和层级组织的特点相比，它更具异质性，组织层级更少。

　　第四，模式 2 中知识生产的社会问责与反思性。吉本斯等人指出，模式 2 知识生产的另一个特征与研究的社会责任和反思性相关。近年来，持续增长的有关环境、健康等问题引起了公众的强烈关注，而公众的关注则刺激了模式 2 的知识生产。因为不断意识到科技发展对公共利益的影响，越来越多的团体对研究的过程和结果产生了浓厚的兴趣，其中有一些甚至影响了研究进程的结果。吉本斯等人认为："在模式 2 中，关于研究所可能产生的影响的敏感从最开始就内嵌入其

　　[①]　[英]迈克尔·吉本斯等：《知识生产的新模式：当代社会科学与研究的动力学》，陈洪捷、沈钦等译，北京：北京大学出版社 2011 年版，第 6 页。

中了，这也构成了应用情境的一个组成部分……在应用的情境下工作会使科学家和技术人员对于其工作产生的广泛的牵连更为敏感。"①因此，在模式 2 中，所有参与者都更具反思性。之所以要有这种反思性的立场，更为重要的原因是，知识生产内部(科学和技术)与外部(具有独立价值观和偏好的个人与群体)间的传统界限被打破了，引起予以研究的问题难以仅仅从知识生产内部，即用科学和技术术语来回答，还需要考量知识生产的外部因素。吉本斯等人指出，这样一些外部因素的介入，会对研究本身的结构带来影响，比如哪些研究值得做，有什么意义等。事实上，这是传统人文学科关注的焦点，研究进程中反思性的扩散，也对人文学科的发展提出挑战，即人文学科要提供相应种类的知识。

第五，模式 2 中知识生产的评估与质量控制也有别于模式 1。在模式 1 中，研究成果的质量从根本上是依靠同行评议来对个人所作的贡献进行评价。研究质量能否保证，依赖能力卓著的评议人，而评议人的评选，又是根据其先前对这个学科所作的贡献来决定。由于模式 1 从根本上说还是学科化的知识生产，因此同行评议引导着个人或团体去研究那些被认为是学科发展的核心问题、前沿问题，定义这些问题的标准反映了学科及学科"守门人"的学术兴趣和关注重点。而在模式 2 的知识生产中，光有同行评议还不够，还必须在评估和质量控制过程中添加另外的标准，其关键就是包含了不同层次的学术机构评价以及其他社会、经济或政治利益的应用情境。比如，解决某个问题时，仅仅满足了智力和科学的兴趣是不够的，还需要去追问诸如"它能否被社会接受""是否具有市场竞争力"等问题。因此，对知识生产的评价标准更加复杂、多元，质量控制也是在一种更综合、多维度的层面上进行的。

从知识生产的来源等层面，可以看到模式 1 的知识生产，更多仍局限于学科内部，受学术研究兴趣的引导，在这种模式之下的知识生产的成果，可以不与知识之外的社会生活发生任何关联。而模式 2 的知识生产，是在具体的应用情境中发生的，不再是自主的、自足的和自律的，而是与整个社会密切相关，受到市场、商业、文化、政治等各种因素的制约。事实上，这与当代科学知识社会学研

---

① ［英］迈克尔·吉本斯等：《知识生产的新模式：当代社会科学与研究的动力学》，陈洪捷、沈钦等译，北京：北京大学出版社 2011 年版，第 7 页。

究领域的重要人物布鲁诺·拉图尔(Bruno Latour)的判断基本一致，在发表于《科学》杂志上的一篇论文中，拉图尔描述了过去一个半世纪中，对科学进步的认识的巨大变化，他称之为由"科学"的文化(the culture of "science")转向了"研究"的文化(the culture of "research")。他指出："科学是确定的，而研究是不确定的。科学应该是冷酷的、直接的、超然的；研究则是温和的、有牵涉性的，以及有风险的。科学终结了人类纷争的变幻莫测，研究则引起争议。科学尽可能地摆脱意识形态、激情和情感的束缚而产生客观性；研究则以所有这些为基础，进而使研究对象变得熟悉。"①他接着指出，社会与科学是不可分割的，依赖同样的基础，只是它们之间的关系发生了变化，传统上，科学是外在于社会的，而当代社会中，科学则内在于社会之中，它们之间的关系已经变成了共谋关系。

模式2的知识生产，看起来似乎指向自然科学，但正如吉本斯等人指出的，人文学科的最近进展和趋势与科学具有深入的一致性。"这些趋势包括：产品激增，也许是在以加速度增加；学科边界的模糊，具体表现为跨学科性、不可变更的知识定义的消亡、专家权威的衰退；知识的商品化——或更宽泛的意义上，社会情境化——的作用越来越重要；知识生产的异质性，或者大学、科学系统与社会和经济系统之间的相互渗透；研究和高等教育的大众化。"②

第三节　美学作为模式2的知识生产

虽然吉本斯等人区分了模式1和模式2的知识生产，但模式2所生产的知识到底是什么样的知识，他们并未明确予以说明。有人以现代知识与后现代知识区分模式1和模式2，因为模式1看起来是现代性工程展开后，分科立学、形成系统化知识的结果，而模式2恰恰是要打破这种学科化的趋势，因而是后现代的。然而，亨利·爱特兹科维特兹(Henry Etzkowitz)和罗伊特·利德斯(Loet Leydes)

---

① Bruno latour. From the world of science to the world of research? [J]. *Science*, 1998(280)：208-209.

② [英]迈克尔·吉本斯等：《知识生产的新模式：当代社会科学与研究的动力学》，陈洪捷、沈钦等译，北京：北京大学出版社2011年版，第81页。

指出，所谓的模式 2，并不新鲜；它是科学在 19 世纪形成学术体制化之前的原初形式……模式 2 代表了科学的物质基础，以及它到底是怎样运作的。模式 1 只是一个构造物，建立在那个基础上，以便证明科学自律的合理性。也就是说，模式 2 实际上是与模式 1 之前的科学具有同样的结构，所以恩斯特·琴科（Ernest Ženko）认为，模式 2 的知识生产是一种"非现代"或"去现代"的形式，而不是后现代的。

从模式 2 知识生产来看美学，也可以看到美学的知识生产、话语方式等都发生了同样巨大的变化，不妨称之为模式 2 美学。模式 2 美学与模式 1 美学最大的区别也应该是应用情境中的知识生产的不同，吉本斯等人曾列举过一组数据："以美国为例，1945 年，纽约只有为数不多的艺术画廊，在这些画廊中经常性地展出画作的艺术家不超过 20 人。到了 1985 年，艺术画廊的数量已经增加至 700 家，专业的艺术家人数增加到 150000 人。艺术作品的生产达到了每 10 年 1500 万的惊人速度，在 19 世纪末的巴黎，每 10 年生产的艺术品数量为 20 万幅。"[①]这是艺术品在数量上的激增。在艺术表现形态上，整个 20 世纪也出现了浩如烟海的艺术流派，如野兽派、立体派、未来派、表现派、达达派、抽象派等。日常生活领域也已经开始全面的审美化，按照沃尔夫冈·威尔施的说法，"审美化已经成为一个全球性的首要策略"[②]。这些艺术现象、审美现象构成了应用情境，需要新的美学知识来予以解释。当代中国，艺术和审美现象也呈现出非常繁荣但又复杂的景象，而现有的美学知识难以对其进行有效解释。以 2022 年为例，年末，表演类艺术方面，全国共有艺术表演场馆 3199 个；观众坐席数 246.83 万个。其中文化和旅游部门所属艺术表演场馆 1052 个，全年共开展艺术演出 4.35 万场次；艺术演出购票观众达 1424.16 万人次，下降 8.8%。美术类，全国共有美术馆 718 个，从业人员 6415 人；全年共举办展览 7544 次，参观人次达 3588.92 万人次。繁荣发展的艺术和审美现象也亟须新的美学理论来予以解释和

---

① ［英］迈克尔·吉本斯等：《知识生产的新模式：当代社会科学与研究的动力学》，陈洪捷、沈钦等译，北京：北京大学出版社 2011 年版，第 82 页。

② ［德］沃尔夫冈·威尔施：《重构美学》，陆扬、张岩冰译，上海：上海译文出版社 2002 年版，第 110 页。

评论。

当然，美学对象本身就构成应用情境，叶秀山先生指出："'美学'的'对象'本身就是一些不好解决的'问题'，不像'物理学'的'对象'那样'确定'，因而也就很难为这些'对象'来设定一套可靠的、似乎一劳永逸的'规范'和'方法'。不错，西方的美学经过多年的发展，积累了不少材料，甚至有过不少'体系'……但这些大家们所写出的书、所提的'体系'，仔细想来，都会发现许许多多的'问题'，或者说，他们的'体系'，似乎本身就是一个或一些'系统'的'问题'。"①因此，模式 2 美学要解决的是涉及艺术和审美的一个个具体问题。

既然是解决应用情境的问题，单一的作为哲学分支学科的美学知识(模式 1 美学)恐怕难以胜任。因为艺术的诸多"问题"、日常生活的诸多审美现象，是与人的精神、心理、情感以及社会政治、经济、文化、宗教等紧密相连的，所以很难受到任何学科体制的限制，从某种意义上说，它们甚至是一种"前学科"性质的知识对象。这种"前学科性"，就要求我们在分析艺术问题、审美现象时，不能仅靠一种学科知识视野，而是要超越学科界限，以一种"兼性"的思维方式建构一种全新的模式 2 美学。这种"兼性"的知识生产体制"在思想资源层面上超越审美主义、科学主义、历史主义、自由主义的'众声喧哗'，在知识依据层面上摆脱现代学科家族的影响，在阐释技术层面上将实证、批判、分析、描述融为一体"②。模式 2 美学应当成为一种超越于单一学科视界的学科，彭锋称之为"超学科"，"这种超学科研究，建立在单学科、多学科、跨学科和交叉学科的研究的基础上"③。就像朱丽·汤普森·克莱恩所言，任何一种理论，其"结构空间是一个社会表现领域，在这里，来自不同历史阵营和文化阵营、有着不同政治立场和认识论态度的知识分子，相逢交错。知识分子不只是简单地共存……他们保持着能动的张力"④。正是因为有这种张力的存在，才能够形成广泛的交叉、合作，从而成就一个超越于单一知识视野的"超学科"的模式 2 美学。

① 叶秀山：《美的哲学》，北京：北京联合出版公司 2016 年版，第 1 页。
② 冯黎明：《论文学研究的知识学属性》，《南京社会科学》2013 年第 2 期。
③ 彭锋：《交叉学科视野下的艺术学理论》，《北京电影学院学报》2021 年第 1 期。
④ [美]朱丽·汤普森·克莱恩：《跨越边界——知识、学科、学科互涉》，姜智芹译，南京：南京大学出版社 2005 年版，第 189 页。

作为应用情境中的知识，其必然也是一种历史性的知识。已故文学理论家张荣翼先生在讨论文学知识的知识学属性时指出，文学知识是一种历史性的知识，这种历史性在文学知识生产、流通之初就已经存在，甚至可以说，正是因为有了生产、流通的体制和机制之后，文学知识才可能得以出现。处于历史环节之中的文学知识至少有四个值得关注的问题：其一，文学知识本身的历史性，这种历史性意味着不只是过去产生的知识有着历史的痕迹，而且今天产生的知识也是历史性的；其二，文学知识体现了历史过程的痕迹；其三，文学知识是对历史的某种现实表达；其四，文学知识是对新文学的一种解读，而这种解读不是建立在单纯字面的理解基础上的，还需要一种历史的同情。①

不仅仅是文学知识，其实所有人类的知识都具有历史性的一面。后现代主义哲学家利奥塔在其影响深远的著作《后现代状态——关于知识的报告》中，也指出了"知识"不仅仅靠陈述，还包含着很多观念，也是一种能力。在阐述这一问题时，利奥塔首先对知识和科学的关系作了区分，他认为"知识"不等于"科学"，"科学"所含有的特质，不但是认识论的，同时也是社会政治的，所以"科学"的外延要比"知识"的外延大。他写道："知识并不是科学，尤其在它的当代形式中不是科学……知识并不限于科学，甚至不限于认识。认识是全部指示或描写物体的陈述，不包括其他陈述，属于认识的陈述可以用真或假判断。科学则是认识的子集，它本身也由指示性陈述构成……但人们使用知识一词时根本不是仅指全部指示性陈述，这个词中还掺杂着做事能力、处事能力、倾听能力等意义。因此这里涉及的是一种能力，它超出了确定并实施唯一的真理标准这个范围，扩展到了其他的标准，如效率标准（技术资格）、正义和/或幸福标准（伦理智慧）、音美和色美标准（听觉和视觉）等。按照这种理解，所谓知识就是那个能让人说出'好的'指示性陈述的东西，但它也能让人说出'好的'规定性陈述、'好的'评价性陈述……由此出现了它的一个主要特点：它与各种能力扩展而成的'建构'相吻合，它是在一个由各种能力构成的主体中体现的唯一的形式。"②

---

① 张荣翼：《论文学知识的历史性》，《人文杂志》2008 年第 6 期，第 96～102 页。

② ［法］利奥塔：《后现代状态——关于知识的报告》，车槿山译，南京：南京大学出版社 2011 年版，第 73～75 页。

既然知识既包含定义性言论，又包括指标性和评价性言论，那么知识一定会随着时间的变化而变化，这是因为指标性和评价性的标准会随着时间的变化而变化。比如，古代各民族文化中都存在的占星术或星象学，用星宿的相对位置和运动来解释或预言人的命运和行为的系统，并形成了非常完备的占星术体系和理论知识。当望远镜被发明，天文学兴起之后，这套知识系统就不再被应用，只具有历史形态。

　　具体到美学和艺术领域，每一个历史时段，都有占据主导地位的艺术样式和艺术门类，并对其他艺术产生深刻影响，在这些具体艺术现象基础上所形成的艺术理论，对其评价也必然有不同的标准。俄国形式主义文论的代表性人物、布拉格学派的创始人雅各布森就明确表示，我们不仅能在个别艺术家的诗作中、诗的法则中，以及某个诗派的标准中，找到一种主导成分，而且在"某个时代的艺术（被看做特殊的整体）中，我们也可以找到一种主导成分"①。比如代表文艺复兴时期最高美学标准的主导艺术是视觉艺术，其他的艺术样式均指向视觉艺术，其价值也按照与视觉艺术的接近程度来确定；而到了浪漫主义时期，最高价值是音乐，这个时期的诗歌就指向了音乐，比如诗体的语调模仿音乐的旋律等，从本质上改变了诗的结构及构成成分；而在现实主义阶段，主导艺术的审美价值标准是语言艺术，诗歌的价值等级系统得到了提升。所以雅各布森得出结论说："主导概念一旦成为我们的出发点，一件艺术品的定义，由于与其他各种文化价值相对照，就从本质上起了变化。"②因为不同历史时段内，各门类艺术发展的不平衡导致了某种艺术成为主导性的艺术，造成美学和艺术理论知识学建构中，解释主导性艺术的艺术理论多，其他门类艺术理论向主导性艺术理论靠拢的状况，比如亚里士多德《诗学》的基础就在于灿烂而丰富的古希腊悲剧，而克莱夫·贝尔在《艺术》中所提出的"有意味的形式"，其现实依据就是现代主义艺术对传统艺术观念的挑战，即从印象派到立体派、抽象派等绘画流派的兴起。类似的证据还有很

---

　　① ［俄］雅各布森：《主导》，任生名译，转引自赵毅衡编选：《符号学文学论文集》，天津：百花文艺出版社 2004 年版，第 9 页。

　　② ［俄］雅各布森：《主导》，任生名译，转引自赵毅衡编选：《符号学文学论文集》，天津：百花文艺出版社 2004 年版，第 10 页。

多，我们不再一一列举。从这些例证中，显然可以看出，美学知识系统的建构本身带有历史过程的痕迹。

作为历史性知识的美学理论话语，不仅其建构本身带有历史过程的痕迹，还在于其在一定意义上是历史的某种现实表达。在建构主义认识论的框架中，知识并不是对客观现实的表述，"建构主义意味着个人通过认知主体的自我参照的自律性，并在经验主义条件下来建构现实。然而，认识到这种建构必须与如何理解和观察这个世界方法与态度有关，这一点很重要"①。也就是说，行动者的表述本身构成了实在，而行动者理解和观察这个世界的方法与态度对于知识的构成来说，具有同步性。美国著名科学史家费耶阿本德曾对我们今天的知识状况进行过精到的分析，他认为，我们的世界被科学以及以科学为基础的技术所带来的包括物质、精神、知识等各方面的冲击所改变，应对这种改变的后果是我们陷入了科学的环境中，因此，我们需要科学家、哲学家等参与到处理中来，而实际上，"这些后果并非根源于'客观的'自然，而是导源于未知的和相对可塑的物质与研究者之间的一种复杂的相互作用，后者既影响物质又被物质所影响、所改变。因此消除这些后果并不是件容易的事。知识'主观的'一面不可避免地与它的物质显现纠缠在一起，是不可能被吹走的。知识远不仅仅是叙述已经存在的东西，它还创造存在的条件，创造一个与这些条件相适应的世界以及一种与这一世界相适应的生活。总之，对历史的考察表明，这个世界不是一个由在岩石的裂缝中爬行的有思想的蚂蚁居住的静态的世界。蚂蚁既可以逐渐发现世界的特性，又丝毫不影响这些特性……这个世界是一个动态的、五光十色的存在，它影响和反映着它的探索者的行动……然而，如果它的居民有决心、有智慧并且有勇气采取必要的步骤的话，这个世界可以再度被改变过来"②。同样，历史知识本身，也未必就是对客观史实的记述，而是包含着某种意义阐释的策略，正如赫伊津哈所说："历史仅是对已逝时代的一种强加的形式。我们希冀从过去寻找到'历史'的理解

---

①　[加]斯蒂文·托托西：《文学研究的合法化》，马瑞琦译，北京：北京大学出版社 1997 年版，第 12 页。

②　[美]费耶阿本德：《实在论与知识的历史性》，智河译，《国外社会科学》1990 年第 7 期，第 17~20 页。

和阐释，却恰好忽略了描述其本身便已是对其意义的一种传播，而这种描述的行为可能已经略具审美的特性了。"①所以，知识不仅描述客观存在，实际上在被社会建构的同时也在建构社会。

在文学史、美学史以及艺术史上，这样的例证很多，比如杰姆逊对鲁迅小说的解释，其结论在于，应当将鲁迅的《阿Q正传》《狂人日记》《药》等小说，当成民族寓言来阅读，"是以民族寓言的形式来投射一种政治"②。显然，在杰姆逊的理论中，鲁迅小说是中国这一第三世界国家中的文学现代性的历史表达。美学和艺术理论中，将艺术看成是对历史的现实表达的美学家和艺术家比比皆是，比如哈斯克尔在其《赞助人与画家——巴洛克时期意大利艺术与社会关系的研究》一书中，详细考察了艺术家与赞助人之间的关系、艺术品的尺寸、作品题材的组织安排、作品中的人物数量和特定的色彩、完成作品的时间和付款方式等，由此来理解艺术风格和审美趣味的变化。③ 其他如斯维特兰娜·阿尔珀斯对伦勃朗、鲁本斯的阐释等，都是其中的杰出典范。

美学知识的历史性，还体现在这种知识生产具有一定的前瞻性。王国维曾说一时代有一时代之文学，同理，一时代也有一时代之文学理论知识和艺术理论知识的生产，这种知识生产不仅仅在于总结过去的历史经验，还能够对未来产生某种影响。利奥塔曾对资讯社会中知识生产的前景作过预测："在这种普遍的变化中，知识的性质不会依然如故。知识只有被转译为信息量才能进入新的渠道，成为可操作的。因此我们可以预料，一切构成知识的东西，如果不能这样转译，就会遭到遗弃，新的研究方向将服从潜在成果变为机器语言所需的可译性条件……知识的供应者和使用者与知识的关系，越来越具有商品的生产者和消费者与商品的关系所具有的形式，即价值形式。不论是现在还是将来，知识为了出售而被生产，为了在新的生产中增值而被消费：它在这两种情形中都是为了交换。它不再

---

① ［荷］赫伊津哈：《"历史"概念之定义》，https://www.thepaper.cn/newsDetail_forward_1962374.

② ［美］弗里德里克·杰姆逊：《处于跨国资本主义时代中的第三世界文学》，张京媛译，《当代电影》1989年第6期，第45~57页。

③ 曹意强：《艺术与历史：哈斯克尔的史学成就和西方艺术史的发展》，杭州：中国美术学院出版社2001年版，第52~53页。

以自身为目的，它失去了自己的'使用价值'。"①一种美学知识系统的建构，其对艺术现象的解释不仅具有当下的有效性，还应该具有延展的理论品格。比如莱辛在《拉奥孔》中关于诗画在题材、媒介、艺术接受的感官和心理、艺术理想等方面的联系和界限的讨论，不仅对于解释莱辛之前及其同时代的造型艺术与语言艺术的相异和相同之处有效，即使到了今天的数字时代，关于艺术的跨媒介性的讨论已成显学，但涉及语言、图像关系的讨论时，《拉奥孔》仍然是一部绕不开的杰作。

任何一种美学知识系统的建构，从知识学构型的角度来看，都不可避免地要涉及概念、术语、命题以及表述方式等问题，而这些维度也都在不同程度上与历史紧密联系在一起。仅以概念来论，福柯就认为："某种概念的历史并不总是，也不全是这个观念的逐步完善的历史以及它的合理性不断增加、它的抽象化渐进的历史，而是这个概念的多种多样的构成和有效范围的历史，这个概念的逐渐演变成为使用规律的历史。"②比如"意象""意境"等经典美学概念，其意涵不断变迁的过程，就是在历史中被不断解释、其有效性不断增加的过程。作为理论性学科，美学不仅仅涉及审美现象、艺术现象的事实性及客观性等问题，它还需要对艺术现象、艺术思潮、艺术作品以及艺术家等提出解释，这种解释是在历史进程中展开的，显然具有历史性。

此外，反思性也是模式 2 美学不可或缺的组成部分。按照孙正聿的说法，所谓反思，就是"思想以自身为对象反过来而思之"，是"对思想的思想"，也就是"反思思想"③。既然有反思，就存在着反思主体，即笛卡儿意义上的"我思"的主体，哈贝马斯说："在现代，宗教生活、国家和社会，以及科学、道德和艺术等都体现了主体性原则。它们在哲学中表现为这样一种结构，即笛卡儿'我思故我在'中的抽象主体性和康德哲学中绝对的自我意识。这里涉及认知主体的自我

① ［法］利奥塔：《后现代状态——关于知识的报告》，车槿山译，南京：南京大学出版社 2011 年版，第 12~14 页。
② ［法］福柯：《知识考古学》，谢强、马月译，北京：生活·读书·新知三联书店 2003 年版，第 3 页。
③ 孙正聿：《反思：哲学的思维方式》，《社会科学战线》2001 年第 1 期。

关联结构：为了像在一幅镜像中一样，即'通过思辨'把握自身，主体反躬自问，并且把自己当做客体。"①也就是说，反思哲学不仅确证了主体的存在，主体也应该是被反思的对象。对应于美学这种知识生产活动，由于其涉及艺术感受和审美经验，毫无疑问会带上知识生产者的主观性和个人性，因而难以达到现代性工程所要求的客观化、实证化。从知识学属性上看，其就应该是一种反思性的知识。利奥塔在阐释现代知识合法化的叙事时也指出，知识首先是在自身找到了合法性，正是知识自己才能说出什么是国家、什么是社会。但是为了充当这一角色，知识必须改变自己的身份，即不再是关于自己的指谓（包括自然、社会、国家，等等）的实证知识，而成为关于这些知识的知识，即成为思辨的知识。而这种思辨的机制带来的一个结果就是，"真实的知识永远是一种由转引的陈述构成的间接知识，这些转引的陈述被并入某个主体的元叙事，这个元叙事保证了知识的合法性"②。从这个意义上讲，作为一种反思性的知识活动，美学的知识生产，与其说是在对艺术现象、审美现象的研究、考察，倒不如说是在揭示艺术欣赏和审美经验者的意识活动内涵、是主体关于自身的审美观念、价值追求等的元叙事，而这种元叙事保证了美学知识的合法性。因此，这种反思性，使得美学的知识生产成了知识立场、审美观念、价值判断以及意识形态斗争的一个重要场域。不同的理论主体，因其知识立场等的差异建构起不同乃至冲突的美学理论。也正是在这个意义上，可以说模式2美学不是一种"静观"的知识，而是"介入"的知识。

正因为模式2美学是一种应用情境中的知识生产活动，它不再是学院派的专利，展现出异质性和组织多样性的特性，对其予以评价的标准也不再仅仅是学科的标准，而是与应用情境紧密相关，限于篇幅，这里不再赘述。

综合起来看，随着知识生产模式由模式1向模式2的转型，美学也应该实现由"意味着艺术性，解释艺术的概念，且特别关注美"③的学科性的模式1美学向

① ［德］哈贝马斯：《现代性的哲学话语》，曹卫东译，南京：译林出版社2011年版，第22~23页。

② ［法］利奥塔：《后现代状态——关于知识的报告》，车槿山译，南京：南京大学出版社2011年版，第122~123页。

③ ［德］沃尔夫冈·威尔施：《重构美学》，陆扬、张岩冰译，上海译文出版社2002年版，第103页。

"与应用情境相关的，关注并解释具体问题"的超学科的模式 2 美学转变。模式 2 美学作为一种知识系统，实际上具有"索引性"特征，它是由学术共同体通过辩论或商谈出来的相对性共识。因此，我们必须认识到，某一种美学知识只是揭露出了一个真相，但是并不一定就是真相本身。可能存在着各种样态的具体的美学知识，而事实上大多数都只是部分的真实，当艺术的、审美的某一维度被照亮时，其他的部分就被遮蔽了，建构起的美学知识只是在某个时间段、某种情境之下才具有解释效力的。

这样看来，在模式 2 美学知识生产的视角之下，当下的很多美学话语和美学观念，比如日常生活审美化的问题、环境美学的问题、生态美学问题、身体美学问题、政治美学问题等，都能得到更新。正如琴科所指出的，美学必须超越于此前的话语方式和观念模式：超越它的模式 1 所建立的边界。这实际上意味着美学必须对超出其传统范围的异质话语和知识生产开放。……这并不意味着模式 2 的美学家必须是生物学家、政治学家、环境学家、神经学家等，这只是意味着，基于艺术品的情境需要，他们将不得不为与这些领域相关的问题开放概念空间；并不一定意味着我们需要一种新的规范美学，因为美学要么是规范的，要么根本不存在，我们已经失去了任何可能的规范来评判什么是好的艺术。

第七章

建构中国特色美学话语体系

由于知识生产模式由模式 1 转向了模式 2，使得美学话语也在不断地重构。更为重要的是，对于中国美学来说，只有构建起自己的话语体系，才能在世界美学之林拥有自己的一席之地，真正实现与西方美学的平等对话。当然，建构中国美学话语体系的路径不是撇开中外美学界通用的话语体系另起炉灶，而是能在对美学基本问题的合理阐释中形成具有普遍适用性的理论话语。因此，中国特色美学话语体系的建构，不能关起门来自说自话，必须在中西互证互鉴中融合创新，在弘扬传统中传承推进，并对近百年来中国现代美学话语体系的建构进行总结、反思，在直面中华民族的审美特点和当代中国人审美实践的基础上，破茧成蝶。

话语体系是思想理论体系和知识体系的外在表达形式，建构中国特色的美学话语体系，就是要确立中国美学的理论体系和知识体系。从 20 世纪中国现代美学话语体系建构的历程中可以看到，要建构中国特色的美学话语体系，至少要在以下几个方面下功夫：第一要找准自己的立足点，第二要确立基本的范畴体系，第三是建构自己的命题学说，第四形成自己的研究方法，第五是中西美学的互鉴互证等。

第一节 找准自己的立足点

美学和一个民族的社会、心理、文化、传统有着十分密切的联系。一个民族的艺术追求和审美文化传统是一个国家、一个民族区别于其他国家和民族的独特标识。虽然从严格意义上说，中国古代并没有形成学科形态的美学理论，但中华文化自古就有尚美的传统，审美意识很早就出现了，而且几千年来绵延不断，并形成了迥异于其他文明的艺术追求和美学观念。因此，建构中国美学话语体系，不是平地起高楼，也不能是脱离中国语境、中国人的审美实践的闭门造车，必须确立自己的研究立足点，即立足于民族文化和中华美学精神，这是我们建构美学话语体系的深厚基础。

　　中华民族有着悠久的文化传统，形成了富有特色的思想体系，体现了中国人几千年来积累的知识智慧和理性思辨，这是我们的独特优势，我们必须坚守自己的文化传统。历史和现实都表明，一个抛弃了或者背叛了自己历史文化的民族，不仅不可能发展起来，而且很可能上演一场历史悲剧。今天，我们进行文化理论、美学理论话语的创新创造，也必须立足于中国文化传统，在对中华优秀传统文化进行深入挖掘和阐发的过程中，与时俱进、推陈出新，从而推动中华文明创造性转化、创新性发展，激活其生命力。事实上，早在"五四"时期，宗白华先生就对如何立足于中国文化来进行理论创造进行了阐发，他说："我以为中国将来的文化绝不是把欧美文化搬来了就成功。中国旧文化中实有伟大优美的，万不可消灭。……中国以后的文化发展，还是极力发挥中国民族文化的'个性'，不专门模仿，模仿的东西是没有创造的结果的。"①"将来世界的新文化一定是融合两种文化的优点而加之以创新创造的。这融合东西文化的事业以中国人最相宜，因为中国人吸取西方新文化以融合东方比欧洲人采撷东方旧文化以融合西方，较为容易。以中国文字语言艰难的缘故，中国人天资本极聪颖，中国学者心胸思想本极宏大。若再养成积极创造的精神，不流入消极悲观，一定有伟大的将来，于世界文化上一定有绝大的贡献。"②宗白华先生充分看到了中国文化的独特性以及对于世界文化可能具有的独特性贡献。中国文化中包含着极为丰富的美学思想资源，蕴含着独特的思想品质和审美精神，这些资源和精神是对世界美学的贡献，这是我们建构中国特色美学话语体系的深层力量。

　　中国现代美学话语体系的其他建构者，如朱光潜，他具有深厚的中国古典学

---

① 宗白华：《宗白华全集》第 1 卷，合肥：安徽教育出版社 1994 年版，第 321 页。
② 宗白华：《宗白华全集》第 1 卷，合肥：安徽教育出版社 1994 年版，第 102 页。

术的功底，对于中国古典诗词有着独到的理解，可以说，虽然朱光潜以研究西方美学史著称，但其底蕴还是中国的文学和文化。在 1983 年赴香港讲学，接受香港中文大学郑树森博士的访问时，他很好地阐述了自己的思想底色。郑博士的问题是：有很多人都认为其《文艺心理学》受克罗齐的影响，而意大利学者沙巴蒂尼则认为朱光潜的见解并不属于克罗齐主义，他自己对此有何看法？朱先生回答："沙巴蒂尼批评我还不够'唯心'是从右的方面批评我的，他批评我移克罗齐美学之花接中国道家传统之木，我当然接受了一部分道家影响，不过我接受的中国传统主要的不是道家而是儒家，应该说我是移西方美学之花接中国儒家传统之木。"①其实不管是儒还是道，都说明朱光潜先生美学研究的立足点是中国传统文化。钱念孙准确地指出了这一点，他说："由于朱光潜以中国传统思想和美学精神为底蕴，来接受和消化西方美学和文艺学理论，他的《文艺心理学》《谈美》和《诗论》等著作虽然包容了大量西方美学的材料和观点，但其所建构的美学却并不是在中国的西方美学，而是现代中国美学，即经过西方文化洗礼的 20 世纪的中国美学。"②

李泽厚所建构的实践论美学话语体系，是其"人类学历史本体论"哲学架构的组成部分，这个哲学是以马克思主义唯物史观、康德主体性哲学为基础的。但是，李泽厚在建构其哲学、美学大厦时，中国传统文化一直是他的立足点，这从他的一系列关于中国文化的研究著作中就可以得到说明：1978 年出版了《孔子再评价》，1979 年、1985 年和 1987 年，他完成了《中国近代思想史》《中国古代思想史》和《中国现代思想史》这三部思想史的撰写，1981 年和 1989 年又出版了《美的历程》和《华夏美学》等。他所提出来的诸多思想理论，如"巫史传统""乐感文化""实用理性""情本体"等，既是对中国传统文化的继承，更赋予其现代性内涵。比如关于"乐感文化"与"情本体"的阐释，李泽厚认为中国文化既不同于西方的"罪感文化"，也非"耻感文化"或"忧患意识"，而是"乐感文化"，"'乐'在中国哲学中实际具有本体的意义，它正是一种'天人合一'的成果和表现……它所指向的最高境界即是主观心理上的'天人合一'，到这境界，'万物皆备于我'

---

① 朱光潜：《朱光潜全集》第 10 卷，合肥：安徽教育出版社 1993 年版，第 648 页。
② 钱念孙：《朱光潜：出世的精神与入世的事业》，北京：文津出版社 2004 年版，第 123 页。

(孟子)，'人能至诚则性尽而神可穷矣'(张载)：人与整个宇宙自然合一，即所谓尽性知天、穷神达化，从而得到最大快乐的人生极致。可见这个极致并非宗教性的而毋宁是审美性的。这也许就是中国乐感文化(以身心与宇宙自然合一为依归)与西方罪感文化(以灵魂皈依上帝)的不同所在吧?"①而这个"乐感"直通"情本体"，情是"乐感文化"的核心。"从孔子开始的儒家精神的基本特征便正是以心理的情感原则作为伦理学、世界观、宇宙论的基石。它强调，'仁，天心也'，天地宇宙和人类社会都必须处在情感性的群体人际的和谐关系之中。"②这种和谐是一种体用不二、灵肉合一的境界，既有理性的内容又有感性的形式，所以是一种审美境界。"审美而不是宗教，成为中国哲学的最高目标，审美是积淀着理性的感性。"③所以对于李泽厚来说，美学是第一哲学。

以宗白华、朱光潜、李泽厚等人为代表所建构的美学话语体系，无论是生存论的、认识论的，还是实践论的，立足点都是中国传统文化，因此，建构中国特色美学话语体系，这是基石。

进一步来说，中华美学精神是民族文化的集中体现，是中华民族在审美感知、审美情感、审美趣味、审美价值、审美理想等方面所体现出的精神特质。其突出的表现就在于"讲求托物言志、寓理于情，讲求言简意赅、凝练节制，讲求形神兼备、意境深远，强调知、情、意、行相统一"④。"托物言志、寓理于情"是文艺创作的重要思路。讲的是在文艺创作中，无论是直抒胸臆，还是通过象征手法来表达自己的心曲，都要遵循文艺创作的基本要求，以生动的形象来表达，并将所要表达之理寓于情感之中。"言简意赅、凝练节制"则是文艺各门类都遵守的美学标准，以少胜多是中国文艺中通行的美学观念，也成就了中华美学精神区别于西方的一种重要特质。比如，诗歌中讲求"不着一字，尽得风流"，绘画要能达到"咫尺应须论万里"的效果，音乐也强调"大乐必易，大礼必简"。"形神兼备、意境深远"是文艺作品的审美形态，"形"是外在的形象，"神"是内在的精

① 李泽厚：《中国古代思想史论》，北京：人民文学出版社 2021 年版，第 265 页。
② 李泽厚：《中国古代思想史论》，北京：人民文学出版社 2021 年版，第 264 页。
③ 李泽厚：《中国古代思想史论》，北京：人民文学出版社 2021 年版，第 264 页。
④ 习近平：《在文艺工作座谈会上的讲话》，《人民日报》2015 年 10 月 15 日。

神意蕴，二者兼备是文艺作品最好的存在形态。虽然 19 世纪末 20 世纪初西方美学的东渐，给中华美学带来了新的概念、新的研究方法以及思维方式，也推动了中国传统美学的思想革新，但中华美学精神并未因此而消散。王国维、蔡元培、朱光潜、宗白华等美学大师们清醒地认识到，不弘扬民族美学精神，将使中国美学无根可立，更遑论拥有自己的理论体系，因此在构建自己的美学理论话语时，这些美学家们都自觉地将中国传统美学的思想资源作为自己的立足点。然而，当下的中国美学研究，存在着失去自己研究立足点的危险，当发现中国古典的审美理论不能再有效解释当前中国人的审美经验的实际状况时，就转而对西方理论不加选择地接受，用西方的概念、范畴和方法来对中国审美活动中有关美、有关艺术的思想加以归纳、整理和综合，从而总结出一些美学的条条框框，这实际上背离了中国审美经验的实际，也不能有效建立中国美学的话语体系。

确立自己的立足点，还在于在建构中国美学理论体系时，要使整个理论框架及理论内核都要具有中国色彩，凸显中国美学精神的独特之处，即突出心灵世界和精神价值，突出人生境界的提升。比如可以用柳宗元"美不自美，因人而彰"的命题来消解实体化、与人分离的"美"；用禅宗"心不自心，因色固有"的命题来消解实体化的"自我"；用王夫之的"现量"说来界定和分析"感兴"（体验）；用孔子以来的历代思想家的理论来阐释关于人生境界的论述等，这都是立足于中国文化、对中国传统美学精神继承和发展的体现。① 关于建构中国美学话语体系要有自己的立足点这个问题，著名美学家叶朗曾进行过阐发，他写道："21 世纪中国的美学学术，应该充分体现中国精神、中国风格、中国神韵，总之要具有中国特点。我们应该从现在就开始重视这一点，对中国传统文化进行系统的整理、分析、总结，以迎接 21 世纪中国哲学和中国文化的大繁荣。"②"把美学建设成一门体现 21 世纪时代精神的真正国际性的学科，我们的立足点仍然是中国的文化和中国的美学。我们应该下大气力系统地研究、总结和发展中国传统美学，并且努

① 可参见叶朗：《更高的精神追求——中国文化与中国美学的传承》，北京：中国文联出版社 2016 年版，第 68 页。

② 叶朗：《胸中之竹——走向现代之中国美学》，合肥：安徽教育出版社 1998 年版，第 353 页。

力把它推向世界，使它和西方美学的优秀成果融合起来，实现新的理论创造。……我们不能抛弃我们自己的文化，不能藐视自己，不能脱离自己，不能把照搬照抄西方文化作为中国文化建设的目标。在学术、文化领域，特别在人文科学领域，中国学者必须有自己的立足点，这个立足点就是自己民族的文化。"①由此，整理和研究中国传统美学，对传统的美学概念、范畴进行梳理，做出新的符合时代精神的解释，是建构中国美学话语体系的当务之急。

中华民族的文化和中华美学精神，积淀着中华民族最深沉的精神追求，包含着中华民族最根本的精神基因，代表着中华民族独特的精神标识，是中华民族生生不息、发展壮大的精神滋养。我们所建构的美学话语体系，只有立足于中华民族的文化和审美实践，为自己民族及文化发声，为根植于中华文化并具有世界意义的美学理念发声，才能够引起世界的关注和倾听，也才能实现与其他民族美学的平等对话。

第二节　确立基本的范畴体系

学科范畴是一门学科建立其合法性的逻辑起点，要构建中国特色的话语体系，必须要追问这个话语体系的逻辑起点在哪里，是否有一以贯之的范畴体系。西方美学学科的奠基者们如鲍姆嘉通、康德、黑格尔等，他们既是美学家，同时也都是重要的哲学家，在建构其美学体系时，都是从美、感性等基本范畴出发，以区别于逻辑学和伦理学研究的真、善等范畴，从而确立该学科的独立性。然而，中国美学的传统一方面与中国哲学精神紧密相关，又与中国的艺术精神和文化精神水乳交融。这使得在建构中国美学话语体系时，如果仅仅是从"美""感性""审美无利害性"等概念出发，就很难建立起符合中国文化传统以及中国人审美实践的范畴体系。

20 世纪初，王国维、朱光潜、宗白华等美学家已经看到了中西方美学在逻辑起点上的差异性，所以他们将中国传统美学中的"境界"和"意境"等概念拿出

---

① 叶朗：《美学原理》，北京：北京大学出版社 2009 年版，第 24~25 页。

来作为建构中国美学的起点，但遗憾的是，他们所开掘出的起点并没有很好地被后来者所吸收、跟进，能够与西方美学对话的传统民族美学范畴没能得到进一步提炼、深化。要建构中国特色的美学话语体系，必须结合当代中国语境和审美实践，从王国维、蔡元培、朱光潜、宗白华等中国美学开拓者那里"接着讲"，对中国传统美学的范畴体系进行创造性转化和创新性发展，提出具有融合古今中外的美学范畴，使其成为既具有民族特质又能够与西方美学平等对话的基本范畴，因而也能成为建构中国美学话语体系的重要范畴。

事实上，中国古典美学体系并不是以"美""美感"等为中心范畴，而是以审美意象为中心的。对于这一点，叶朗先生曾指出："在中国古典美学体系中，'美'并不是中心范畴，也不是最高层次的范畴。'美'这个范畴在中国古典美学中的地位远不如在西方美学中那样重要。如果仅仅抓住'美'字来研究中国美学史，或者以'美'这个范畴为中心来研究中国美学史，那么一部中国美学史将变得非常单调、贫乏，索然无味。"[1]在他看来，中国美学的基本范畴是"道""气""象""意""味""妙""悟"等一系列范畴，它们是在哲学、艺术，乃至于整个中国文化的交汇中展开的，与西方的美学范畴有较大差异。因此，我们在建构具有中国特色的美学话语体系的过程中，可以将"意象"作为中国传统美学的核心范畴，因为"意象"这一概念可以成为中国传统美学和西方现代美学的契合点，以"意象"作为美学研究的逻辑起点可以克服和摆脱中国当代美学研究中的片面化、机械化倾向，对于建构现代形态的中国美学话语体系非常必要。

之所以将"意象"提炼出来作为中国美学的基本范畴和逻辑起点，是因为该范畴一方面否定了实体化的、外在于人的"美"，另一方面又否定了实体化的、纯粹主观的"美"。具体来说，我们在建构"意象"这一范畴的过程中，能够将柳宗元、王阳明、王夫之、叶燮和胡塞尔、海德格尔等中西哲学家的"审美—艺术"哲学思想综合起来进行运用，并借助于这些思想，可以深化和拓展传统中国美学关于"意象"的"情景交融"理论，而且能够明确将"真""善""美"等价值内涵以及审美的超越精神内置于"意象"的规定中，从而赋予"意象"以形而上的

---

[1]　叶朗：《中国美学史大纲》，上海：上海人民出版社1985年版，第3页。

意蕴。从这种意义上来理解，"意象"至少具有四个层面的规定性："第一，审美意象不是一种物理的实在，也不是一个抽象的理念世界，而是一个完整的、充满意蕴、充满情趣的感性世界，也就是中国美学所说的情景相融的世界；第二，审美意象不是一个既成的、实体化的存在（无论是外在于人的实体化的存在，还是纯粹主观的在'心'中的实体化的存在），而是在审美活动的过程中生成的。……审美意象只能存在于审美活动中；第三，意象世界显现一个真实的世界，即人与万物一体的生活世界，这就是王夫之说的'如所存而显之'、'显现真实'（显现存在的本来面貌）；第四，审美意象给人一种审美的愉悦，即王夫之所谓'动人无际'，也就是我们平常说的使人产生美感（狭义的美感）。"①"意象"的这种规定性，不仅包含着"存在—本体论"的理论阐释，而且包含着"精神—价值论"的美学建构。

这种理论建构，也并不仅仅是为了理论体系完整性的需要，还在于现实的针对性，即针对中外美学研究领域的问题以及中国人的审美实践和欣赏旨趣。因为20世纪以来的审美心态出现了重大的变化，比如博物馆里展览的不再是油画或大理石雕塑，代之以小便器或成堆的砖块；音乐厅里的音乐演奏是音乐家在钢琴前静坐四分三十三秒，而没有按下一个琴键……这个时候，美学必须要解决两个基本问题：其一是艺术和非艺术的区分问题，或者说艺术的定义问题；其二是艺术的意义问题。然而，西方传统美学理论很难对这两个问题做出令人信服的解释。以"意象"为逻辑起点的美学话语体系能够有效回应这两个问题：根据"意象"理论，艺术活动是一个生成"意象"的过程，那些没有创造审美意象的活动，不能称之为艺术；与之相伴随的是，"意象"理论能够从形而上的层次揭示艺术对于人生的根本性意义。

总之，建构以"意象"为逻辑起点的美学话语体系，既是从朱光潜、宗白华理论出发"接着讲"，也是对中国传统美学"意象"理论的开掘和深化，当然也包含着对西方美学的反思和扬弃，能够超越"以'认识论'为代表的、实际上是'西

---

① 叶朗：《美学原理》，北京：北京大学出版社2009年版，第59页。

方学术范式中心论'的美学看法"①，实现中国思想与西方思想的平等对话。

第三节　建构自己的命题学说

命题学说是一门学科得以建立的基础，任何一种美学话语体系的构建，都是建立在自己独特的命题学说基础之上的。西方的美学主要围绕美的本质、审美经验、审美态度、审美距离、移情等命题展开，研究这些命题间的联系、区别及转化，并通过对其逻辑推演来构成其独特的话语体系。而中国美学建构主要基于艺术与美"在与自然宇宙、与人的生命生存的鲜活关系中应是什么、何以可能、如何实现"②等问题展开。围绕这些问题，中国美学提出了尽善尽美、得意忘象、澄怀味象、气韵生动、致用、畅神等命题学说，这些命题学说并不仅仅是概念间的逻辑推演，而是与人生、人的安身立命密切相关，这跟西方美学命题学说的学理化、系统性、科学化的目标原则有着明显的差异。这些命题学说大都散见于诗文评、诗论画论以及小说评点中，王国维、宗白华等中国美学研究的开拓者们尝试用规范化的学术话语来整理中国传统美学资源，并取得了丰硕的成果，遗憾的是后来者疏离了这些研究。

建构中国美学话语体系，所要做的工作中很重要的一环，就是要进一步将中国传统美学家们关于美、审美以及艺术经验的命题转换为当代学术的规范性话语。以"意象"作为建立中国美学话语体系的逻辑起点，可以在此基础上，将传统美学中的很多命题赋予新的意义。比如，中国美学传统中特别重视"文以载道"的观念，将艺术与道德联系起来，但是并没有系统地解释美与真、善的关系。而在"意象"论的美学话语体系中，"真"不仅仅是逻辑的真，即主观与客观的相符合，"善"也不仅仅是某种功利的伦理实践活动，而是与人的人生境界密切相关。美学家叶朗先生曾对审美实践活动中真善美的关系做出过说明，他说："'美'，是一个情景交融的意象世界，这个意象世界，照亮一个有意味、有情趣

---

① 张祥龙：《张祥龙教授给叶朗教授谈〈美学原理〉的一封信》，《北京大学学报》(哲学社会科学版)2010 年第 2 期。

② 金雅：《中国美学须构建自己的话语体系》，《人民日报》2016 年 1 月 18 日。

的生活世界(人生)，这是存在的本来面貌，即中国人说的'自然'。这是'真'，但它不是逻辑的'真'，而是存在的'真'。……这是我们理解的'美'与'真'的统一。这个意象世界没有直接的功利的效用，所以它没有直接功利的'善'。但是，在美感中，当意象世界照亮我们这个有情趣、有意味的人生(存在的本来面貌)时，就会给予我们一种爱的体验，感恩的体验，它会激励我们去追求自身的高尚情操，激励我们去提升自身的人生境界。这是'美'与'善'的统一。当然这个'善'不是狭隘的、直接功利的'善'，而是在精神领域提升人的境界的'善'。"①显然，真善美的统一只能在审美活动中实现，审美活动较之于认识活动、伦理活动是更为本原性的活动，以"意象"论为逻辑起点的美学话语体系，在整个哲学大厦中是处于更基础的地位的。

　　在建立自己的命题学说时，还应该考虑到中国美学命题学说一贯的旨归，即中国美学强调审美与人生、与精神境界的提升和价值追求的密切联系，也就是说，中国美学具有鲜明的实践导向和人生取向。因此，建构命题学说不能离开审美活动的文化背景以及"人生境界"的提升这一理论诉求，要将美学引导人们去追求高尚的情操，去提升自身的人生境界作为最根本目的。美学的各个部分的理论研究，各种命题学说的建构，不能离开人生，不能离开人生的意义和价值。所建构的美学命题本身，也是要引导人们去努力提升自己的人生境界，使自己具有一种"光风霁月"般的胸襟和气象，去追求一种更有意义、更有价值和更有情趣的人生。②

　　在对真善美的统一、审美与人生关系等美学命题做出新的阐释之外，我们还应提炼出适合表达中国传统审美形态与风格的美学命题，比如某一个或几个能够充分体现儒家文化、道家文化以及禅宗文化内涵的命题。关于这一点，叶朗在建构其美学理论时有较为深入的思考，他将"沉郁""飘逸""空灵"作为体现儒家、道家和禅宗文化内涵的命题来对待，在他看来，"沉郁"体现了以儒家文化为内涵、以杜甫为代表的审美意象的大风格，"飘逸"体现了以道家文化为内涵、以

---

　　①　叶朗：《美学原理》，北京：北京大学出版社 2009 年版，第 81 页。
　　②　有关美学与人生的关联，可参见叶朗：《美学原理》，北京：北京大学出版社 2009 年版，第 24 页。

李白为代表的审美意象的大风格，"空灵"则体现了以禅宗文化为内涵、以王维为代表的审美意象的大风格。将沉郁、飘逸和空灵当做中国审美意象群，较之于学术界常用的"中和""玄妙""意境"等命题来说明中国传统美学形态与审美命题，显得更为合理，也更贴合中国美学的实际状况。① 这样重新解释和建构起来的中国美学命题，既是对中国古典美学命题学说的深化和发展，也能够突出体现中国美学命题学说一贯的价值立场和取向，即面向现实人生，陶冶自身的情操，涵养自身的气度，追寻高远的人生境界。这样的美学命题学说显然与西方美学理论体系侧重纯粹学理建构的命题学说有着显著的差别，具有鲜明的民族特质。

第四节　形成自己的研究方法

从某种程度上看，有什么样的研究方法，就有什么样的科学研究。因为研究方法不仅直接影响理论表述的形态特征，也深刻影响一门学科的整体面貌。西方美学多采用逻辑的、思辨的研究方法，以追求客观、理性、普遍的结论为目标。而中国古典美学更多是关注审美对象的具体特征，较少逻辑分析和论证，带有一定的模糊性和随意性，这在诗文评中表现得尤为明显，比如司空图(有学者认为是虞集)《二十四诗品》之《典雅》的"落花无言，人淡如菊"，《劲健》的"行神如空，行气如虹"等，就很难达到普遍性的结论。

20 世纪初，在西方学术研究方法的影响之下，中国的美学研究逐渐向西方美学的理论样态转化，朱光潜的《诗论》、王国维的《〈红楼梦〉评论》等，都是从研究方法、思维方式上向西方美学的概念化、理论化以及系统化思维方式转化做出的有益尝试，这种尝试对于中国传统美学的现代转化、中国美学确立其学科话语体系具有毋庸置疑的作用。然而，当西方当代美学的研究方法、看待问题的视角已经发生了变化，并呈现出与中国美学更多契合的时候，我们也必须重新审视研究方法以及思维模式的问题。事实上，自 20 世纪 80 年代"方法论热"开始，已经有学者对美学研究中的方法论予以关注和阐发。比如胡经之、王岳川所编的

---

① 参见叶朗：《美学原理》，北京：北京大学出版社 2009 年版，第 374 页。

《文艺学美学方法论》①主要介绍了社会历史、传记、象征、精神分析、原型、符号、形式、新批评、结构、现象学、解释学、接受美学、解构等 10 多种研究方法，并分析了这些方法的缘起、理论、基本特征，是从方法论角度全面切入当代西方文艺学美学研究的尝试，也有对具体美学家的方法论予以解释的，如王怀平所著的《美学散步：宗白华美学研究方法与风格新探》②，该书较为系统地研究了宗白华美学研究的方法与风格；朱志荣的《滕固美学研究方法论》③认为滕固立足具体的艺术实践，借鉴西方美学的基本方法，为中国现代的美学研究奠定了基础。对于中国古代美学研究，朱志荣所著的《中国古代美学思想研究方法论》④一书，从追源溯流、阐释资源、借鉴西方、整合概念、建构体系、印证实践六个方面切入，结合中国古代美学思想的研究对象和理论内容，以及现当代美学家的研究个案，较为全面地梳理了中国古代美学思想研究方法的内涵。这些有关美学研究方法的著述，都从方法论层面为建构中国特色美学话语体系提供了借鉴与参照。

实际上，要建构中国特色的美学话语体系，我们必须针对中国人审美实践的特殊性、中国美学思想的独特性，不能仅仅以西方美学的研究方法为纲，在研究方法上要有所突破，形成属于中国美学自身的研究方法。

第一，要把中国传统的哲学、美学、艺术贯通起来进行研究。⑤ 这可以从四个层面来理解：

首先，对中国传统美学、艺术的文献资料进行整理，其中，依据什么原则、设置什么标准、按照什么路径来整理是最基本、最核心的问题，在这些问题上，绝不能以西方美学的标准为准绳。这是因为，在构造美学理论话语时，西方思想家如柏拉图、亚里士多德，以及康德、黑格尔等人都是作为单一主体，依据形而

---

① 胡经之、王岳川主编：《文艺学美学方法论》，北京：北京大学出版社 1994 年版。

② 王怀平：《美学散步：宗白华美学研究方法与风格新探》，合肥：合肥工业大学出版社 2009 年版。

③ 朱志荣：《滕固美学研究方法论》，《文艺研究》2010 年第 9 期。

④ 朱志荣：《中国古代美学思想研究方法论》，合肥：安徽教育出版社 2003 年版。

⑤ 关于将中国传统哲学、美学和艺术贯通起来加以研究的方法论问题，可参见叶朗：《胸中之竹——走向现代之中国美学》，合肥：安徽教育出版社 1998 年版，第 251~252 页。

上学的各种原则来对审美和艺术现象进行反思，从而形成了具有西方特定思想特征的美学理论体系。这种美学知识体系的优势在于，它往往是单一主体的、纯粹个人化的话语，指向形式化的、普遍化的理论模型，极具创新意识，具有强大的阐释有效性，但其弊端在于容易陷入独断论，并常常走向虚无主义。而中国传统美学，是在四个维度上展开的，是个体审美经验的展示，但它们是被置于经学知识形态、史学知识形态以及子学知识形态三维坐标的交叉之中的，分别对应于思想、历史、文化。也就是说，个体审美经验是在思想的交织中、在历史发展的序列中、在多元文化的并置中展开的。由于三种知识形态蕴含着三种话语主体或者说阐释主体，这样就形成了三种阐释主体或话语主体的交互阐释，对个体审美经验的理论总结也就内在于思想、历史、文化的混合性之中，因此，文献的整理务必在综合的系统中予以考量。

其次，要结合中国传统哲学对美学和艺术的影响进行系统研究。这是因为中国美学话语生成与发展的历史、中国艺术实践的历史受到了中国传统哲学思想的影响，打上了哲学的烙印。中国哲学是一门富有诗意的学科，中国哲学同中国美学有直接的关系，不研究中国哲学，中国美学和艺术中的许多问题就很难理解或理解得不透彻，对中国哲学的研究可以开启其中潜在的美学和艺术思想，从而使中国美学和艺术获得更加丰富和深刻的内容。比如在老庄哲学、魏晋玄学及禅宗的影响之下，后世的美学家、艺术家更加注重对"道"的追求，而不太重视所呈现的事物与真实事物之间的形似。更为根本的是，中国美学和艺术是被置于宇宙自然、人类社会以及精神世界的有机整体中加以表述和考察的，"神""气""象"等美学和艺术范畴也与哲学范畴息息相关。中国美学和艺术背后是中国哲学的宇宙观在作支撑。[①] 以老子的哲学为例，他建立了一个以"道"为宇宙本体的哲学体系。陈鼓应先生曾说："'道'的问题，不可以当作经验知识的问题来处理，它只是一种预设，一种愿望，借以安排与解决人生的种种问题。……如果我们再作进一步的了解，我们也可以说，老子'道'的论说之展开，乃是人的内在生命的一种真实感的抒发，他试图为变动的事物寻求稳固的基础，他更企图突破个我的局

---

① 关于中国哲学传统与美学之间的关系，可参见朱志荣：《论中国美学话语体系的创新》，《探索与争鸣》2015 年第 12 期。

限，将个我从现实世界的拘泥中超拔出来，将人的精神生命不断地向上推展，向前延伸，以与宇宙精神相契合，而后从宇宙的规模上，来把握人的存在，来提升人的存在。"①因此，老子建立了一种本体论，而这种本体论则是一种超越的形上本体论，正是在这种本体论的基础上，他在天与人、自然与社会之间建立起了内在的关联性和统一性。也就是说，老子是建构了系统的形而上的本体论，但是这种本体论是和人生论紧密结合在一起的，形而上的本体不仅是外在自然世界的"本体"，同时也是一切社会和人生的意义与价值的最原始最终极的根据。老子的形上学既是一种对外在的宇宙自然的存在本质的追思，更是指出了一种终极性的人生本体价值，体现出了一种对人类命运的终极关怀、一种从本源性的形而上高度为人生寻求安身立命之所的努力和执着，这无疑是老子之"道"的一个最深层的意蕴。质言之，老子的道论的真正立足点和归宿点在人，是对人生现实问题的深切关怀和忧虑，以及对人生理想境界的渴慕和追求。也许，这就是老子"道论"的真正的超越性之所在。

　　冯友兰曾指出："真正形上学的方法有两种：一种是正底方法，一种是负底方法。正底方法是以逻辑分析法讲出形上学。负底方法是讲形上学不能讲，亦是一种讲形上学的方法。"②冯先生以上的分析亦可以运用于分析老子的"道"论。我们从老子论"道"的过程中，可以明显地感觉到这一点，也就是他在论道时，从反面论述，从反面逼近。也就是说，不说它是什么，而只说"不是什么"。比如他说："道可道，非常道。"这样一来，就使"道"本身显得模糊、含混、不确定，留有很大的"活动"与想象空间。即使是在进行正面描述时，亦采取恍惚、惚恍，若明若暗的形式，仍然留给人以想象、模糊以及神秘的印象。比如，他说："视之不见，名曰'夷'；听之不闻，名曰'希'；博之不得，名曰'微'。……是故无状之状，无物之象，是谓恍惚。"那么，老子为什么会使用这种"负"的方法呢？我们认为，至少有这么两层意思：首先，他这样做是要破除人们的一贯思维定势，提醒人们观察事物不仅要从其正面，亦应注意它的反面。更重要的是，他要告诉人们，"道"不能作为一般的对象去感觉、去认识，而只能去体验、去直觉

---

① 　参见陈鼓应：《老子今注今译》，北京：商务印书馆 2003 年版，第 62~63 页。
② 　冯友兰：《三松堂全集》第四卷，郑州：河南人民出版社 1986 年版，第 636 页。

感悟。老子的这种描述和解说，不是概念分析式的认识，而是对本体显现的直观把握或"透视"，是主体自我省察和反观，这也就是"体道"。当然，这种"体道"的功夫，必须建立在一种深厚的自我修养的实践活动基础上。而这种强调主体的自我修养，是中国传统美学和艺术一直强调的，"澡雪精神"等都与此相关。由此可见，中国哲学是中国艺术和审美精神的支撑，而艺术和审美又进一步将中国哲学的精神具体化，因此，在研究中必须搞清楚这两者间的相互关联。

　　再次，要对中国美学本身的概念、范畴、命题的系统进行深入的研究。中国美学中有很多独特的概念范畴，比如"道""悟""境"等，这些概念范畴最初都是哲学范畴，那么这些哲学范畴到底如何产生的，它最早的含义是什么，如何从一个哲学概念变成了美学概念，中间的逻辑关系是怎样的，这些都需要进行系统、认真的研究。20 世纪 90 年代，韩林德就看到了概念、范畴、命题在中国古典美学研究中的重要作用，在其著作《境生象外——华夏审美与艺术特征考察》中，首章就概说"华夏美学的主要范畴、命题和论说"，并进一步指出："在中国古典美学形成和发展的历史长河中，一代代美学思想家和文艺理论家，在探索审美和艺术活动的一般规律时，创造性地运用了一系列范畴和命题，如'道'、'气'、'象'、'神'、'妙'、'逸'、'意'、'和'、'赋'、'比'、'兴'、'意象'、'意境'、'境界'、'神思'、'妙悟'……'美'与'善'、'礼'与'乐'、'文'与'质'、'有'与'无'、'虚'与'实'、'形'与'神'、'情'与'景'、'言'与'意'、'阳刚之美'与'阴柔之美'、'立象尽意'、'得意忘象'、'涤除玄鉴'、'澄怀味象'、'传神写照'、'迁想妙得'、'气韵生动'，等等。这些范畴和命题，既相互区别，又相互联系和相互转化，彼此形成一种关系结构，共同建构起中国古典美学的宏大理论体系。从一定意义上讲，中国古典美学史，也就是上述一系列范畴、命题的形成、发展和转化的历史。可以说，如果我们把握了这些范畴、命题的形成、发展和转化的历史，把握了这些范畴、命题的主旨，也就大体了解中国古典美学的基本面貌了。"①韩林德充分认识到这些范畴和命题在建构中国古典美学话语中的重要性，也明确指出了，只有把握了它们的形成、发展和转化的历史，才能够

---

　　①　韩林德：《境生象外——华夏审美与艺术特征考察》，北京：生活·读书·新知三联书店1995 年版，第 1 页。

了解中国古典美学的基本面貌。在今天的研究中，更深入地探究这些范畴、命题间的逻辑关联，以及相互支撑、转化的历史，同样是完成中国传统美学的创造性转换和创新性发展的关键环节。

最后，要对中国的艺术进行深入研究，用中国的艺术来印证中国的哲学和美学精神。中国的艺术非常具有形而上意味，艺术家们一般不太重视对某一个具体对象的逼真刻画，他们所追求的是把握那个作为宇宙万物的本体和生命的"道"，为了把握"道"，就要突破有限的、具体的事物。所以南朝的画论家谢赫就说"若拘以体物，则未见精粹；若取之象外，方厌膏腴，可谓微妙也"。苏轼也在一首诗中说"论画以形似，见与儿童邻。赋诗必此诗，定非知诗人"。因此，对中国的艺术进行理论阐释，不仅能够印证中国哲学和美学精神，而且还会启发、触动我们在现代美学理论方面做出某些创新和突破。

第二，要突破主客二分的思维模式。学术界的主流观点认为，中国美学的一个重要特点，从思维模式上来讲就是"天人合一"，而不是主客二分。从西方美学两千多年的历史进程来看，其哲学基础主要是主客二分的认识论思维模式。20世纪的现象学、存在主义等哲学流派认识到了这种思维模式的局限性，并对其展开了批判，这就使得美学领域有关美的本质的研究逐渐转变为审美活动的研究。但是20世纪中国的美学研究，实质上还是在主客二分的认识论模式之下展开的。特别是20世纪五六十年代的美学大讨论，基本上影响了20世纪后半叶中国美学研究的走向。在这次美学讨论中，形成了以蔡仪、朱光潜、高尔泰以及李泽厚为代表的美学四大派。尽管四派理论观点不同，但他们的讨论基本局限在一种主客二分的认识论思维方式和框架之中来讨论问题。"把美学问题纳入认识论的框框，用主客二分的思维模式来分析审美活动，同时把哲学领域的唯物论唯心论的斗争搬到美学领域，结果造成了理论上的混乱。"①这种主客二分的思维模式既没有反映西方美学从近代到现代发展的大趋势，同时也很大程度上脱离了中国传统美学的基本精神。特别是影响20世纪后20年的实践美学，仍然是在主客二分的模式下讨论美学问题。对此，杨春时批评道："实践美学虽然以实践统一了主客体，

---

① 叶朗：《美学原理》，北京：北京大学出版社2009年版，第43页。

但并未彻底消除主客体的对立，因而也未彻底摆脱主客体对立的二元结构。在物质实践水平上，主体与客体的差别仍然存在，实践只能在一定历史水平上沟通主体与客体，而不能达到二者完全同一。这样，实践美学就不得不保留实体观念，即把美当作某种独立于主体的实体或其属性，而实体范畴是古典哲学所特有的。从主客体对立的二元结构出发，就无法解决美的主客观属性问题，从而陷入美既是主观的，又是客观的，既非主观的，亦非客观的这样一种悖论。"①

建构中国特色美学话语体系，实现中国美学理论的重大突破，一个重要的研究方法就是要突破主客二元对立的认识论思维模式和框架，不能再用主客二分的思维模式来研究美学，因为审美的活动不是一种科学认识活动，它是一种体验，体验就是一种"天人合一"，"是与生命、与人生紧密相连的直接的经验，它是瞬间的直觉，在瞬间直觉中创造一个意象世界（一个充满意蕴的完整的感性世界），从而显现（照亮）一个本然的生活世界"②，这样的生活世界也是一个美的世界。

总之，建构中国特色美学话语体系，一方面需要将中国哲学、美学与艺术贯通起来加以研究，实现理论与实践的相互印证，另一方面还需要摆脱主客二分的思维模式，以"天人合一"的方式来研究美学。

第五节　中西方美学的互鉴互证

文化创新创造的活力不仅来自文化主体内部的创新与创造，也需要与来自外部的文化、文明相互交流，封闭的文化体系不能与外界实现有效的信息沟通，必然缺乏创新创造的活力。因此，建构中国美学话语体系，还需要广泛吸收世界范围内特别是美学研究走在世界前列的西方美学的有益研究成果，实现中西方美学的互鉴互证。

在早期建构"中国的美学"的努力中，王国维、蔡元培、朱光潜、宗白华、陈望道等人就是充分吸收西方美学的研究成果，试图完成中国美学的创造性转化和创新性发展。尽管对于美学的理解以及建构中国美学的努力不尽相同，但共同

---

① 杨春时：《超越实践美学》，《学术交流》1993年第2期。
② 叶朗：《美学原理》，北京：北京大学出版社2009年版，第98页。

之处都在于他们一方面从小就接受过中国传统的私塾教育和文化的熏陶，具有深厚的中国传统学术的功底，对于中国人独特的审美意识、艺术追求有着深切的理解和同情，另一方面又接受了国外系统的学术训练，对于西方文化以及西方美学的科学精神也有深入了解，并熟悉西方学术理论的规范及要求。因此，当他们由对西方文化的研究再回到中国传统时，能够跳出某一种学术范式的束缚，做到中西方美学的互鉴互证。

从中西方美学的历史来看，学科性的美学尽管在18世纪就被鲍姆嘉通提出来，并得到康德精细的论证，但直到19世纪才在西欧的一些大学里列入课程大纲，设立相应的教授席位，在现代学科分类中有了"美学"的位置。19世纪末和20世纪初，才开始有人撰写"美学史"，将美学学科回溯到希腊早期的哲学家如毕达哥拉斯身上，并整理出从柏拉图、亚里士多德，到普罗提诺、奥古斯丁、托马斯·阿奎那等人的线索，一直通向近现代。这种"美学史"就是我们今天通行的美学史，它们构成了西方美学的基本内涵。其实，这种构建，是欧洲人根据18世纪以来的美学学科而反向构建起来的。[1] 因此，这样一种建构本身就带来了问题，比如为什么西方美学史是从古希腊开始，而不是从两河流域开始，等等。这种学科史的建构本身是现代性的产物，不可避免地带来了单一的西方文化对非西方文化的压抑、排斥和消解，而且，20世纪以来的艺术实践和美学思潮都表明，这种从古希腊到中世纪、文艺复兴，再到近现代乃至后现代的线性历史观，导致了西方艺术和美学的深刻危机，使得西方美学内部纠缠着"艺术终结""美学终结"等一系列"历史终结"的梦魇。[2] 因此，无论是反思美学学科史的建构，还是要摆脱"终结"的噩梦，必须要突破西方美学的线性进化思维，开放视野，并重新承认文化的多样性和多元性，巩固和提升非西方文化的价值。

而对于中国美学来说，中国传统思想中虽然没有学科性的美学，但有着几千年历史的美学思想，它在发展的过程中与西方走的是不同的道路，存在着巨大的

---

[1]　有关西方美学史的建构问题，可参见高建平：《从"东方美学"概念出发：当代中国美学的学科处境和任务》，《艺术百家》2015年第4期。

[2]　有关西方美学学科进展中出现的问题，可参见叶朗、肖鹰：《现代美学体系的建构和当代文化发展》下，《中国社会科学报》2009年12月29日。

差异，这种差异决定了其各自不同的研究出发点、表述方式，以及相应的意义和价值。对于现代形态的中国特色美学话语体系建设，需要容纳多元的美学思想，不仅仅是中国本土的美学资源，也要有西方的美学思想，这是避免学术史建构单一性以及摆脱美学线性进化思路的要津，否则我们所建构的美学话语体系也难免存在着西方美学学科史建构中的局限和短板。叶朗先生在建构其现代美学体系时指出："所谓现代形态的美学体系，一个最重要的标志，就是要体现21世纪的时代精神，这种时代精神就是文化的大综合。所谓文化的大综合，主要是两个方面，一个方面是东方文化和西方文化的大综合，一个方面是19世纪文化学术精神和20世纪文化学术精神的大综合。"①在叶朗看来，建构现代形态的美学体系，不仅要融合古今，还要融合中西。在建构中国特色美学话语体系过程中，东方文化和西方文化中有很多可以相互融通的思想确实可以综合起来，相互印证，比如胡塞尔、海德格尔、萨特等现象学、存在主义哲学家有关"生活世界"的思想可以成为建构中国"意象"范畴体系的重要资源；立普斯、伽达默尔、马斯洛等有关"移情""视域融合""高峰体验"的思想能够成为沟通中国传统美学"美感"理论的通道；"阴柔之美""阳刚之美"，乃至"飘逸""沉郁"等作为文化大风格结晶的范畴可以与西方美学的"优美""崇高""悲剧"等放在同一个理论框架中，实现平等对话。

在这一点上，法国当代汉学家弗朗索瓦·朱利安（又译弗朗索瓦·于连）的相关研究或许能为我们提供一种有益的启示。在其影响深远的著作《迂回与进入》中，朱利安指出，由于"西方哲学如此醉心于自身的超越，总是只对内在提问题，而批评又如此要求彻底，所以总是相对封闭的完整的，总是某种未言明的期待，各种立场由之能够互相摆脱。总存在着某种我们由之自问而由此不能对之提问的东西"②。也就是说，西方思想的发展总是不断返回到自己内部寻求更深的根据，这样一来，在面对问题时永远都不可能有自内而外的突破，这时就需要一种外部的力量，也就是一个"彼处"，中国正是这一"彼处"的理想形象，因为

---

① 叶朗：《美学原理》，北京：北京大学出版社2009年版，第20页。
② ［法］弗朗索瓦·朱利安：《迂回与进入》，杜小真译，北京：商务印书馆2017年版，第361页。

"中国的语言外在于庞大的印欧语言体系，这种语言开拓的是文字的另外一种可能性（表意的而非拼音的）；因为中国文明是最古老的文明之一，是在与欧洲没有实际的借鉴或影响关系之下独自发展时间最长的文明"①。由此，朱利安在其整本著作中都贯穿了他的这种"绕道中国，回归希腊"的思想，也就是他自己所标榜的"正面对着中国——间接通过希腊，但是，我最努力接近的是希腊。事实上，我们越深入，就越会导致回归。这在遥远国度进行的意义微妙性的旅行促使我们回溯到我们自己的思想"②。朱利安的这种"迂回与进入"的路径无疑给我们建构中国特色美学话语体系提供了一种独特的视角。

这是因为，朱利安研究中国的立场和目标指向在于，对中国的一切思考，其目的都是为了打破西方的理性统治。因此，他在选择思想资源时有自己特有的偏重和取舍，比如他考察的中国思想中的"迂回"（他将其命名为一个非常具有哲学意味的概念："意义策略"），恰恰是中国文化与西方文化非常不同的方面，而不是相近相通的方面。所以他要考察"为什么在中国，这另外的领域——本质的、精神的——没有形成，而在希腊传统中它是用来构筑我们的意义的境域"③？正是中国独特的意义发展方向给西方人带来很大的启示："我期待通过中国的这一迂回为我们开启一个新前景：能够让我们从某种外在出发提出问题。"④当然，朱利安所阐释的思想是否符合中国思想的实际暂且不谈，⑤ 但他的由中国回返希腊的指向是值得借鉴的。在建构中国现代美学话语体系的过程中，王国维、蔡元培、宗白华等人都与朱利安的价值指向有异曲同工之妙。以宗白华为例，他最重

---

① ［法］弗朗索瓦·朱利安：《迂回与进入》，杜小真译，北京：商务印书馆 2017 年版，（前言）第 3 页。

② ［法］弗朗索瓦·朱利安：《迂回与进入》，杜小真译，北京：商务印书馆 2017 年版，（前言）第 4 页。

③ ［法］弗朗索瓦·朱利安：《迂回与进入》，杜小真译，北京：商务印书馆 2017 年版，（前言）第 3 页。

④ ［法］弗朗索瓦·朱利安：《迂回与进入》，杜小真译，北京：商务印书馆 2017 年版，第 361 页。

⑤ 在这方面存在着两种进路，一种以毕来德、张隆溪为代表，对朱利安的思想进行了驳斥，另一种以李春青等为代表，对朱利安的研究进行辩解。具体可参见《中国图书评论》于 2008 年第 5~6 期为于连的所特设的评论专题，集中了毕来德的《驳于连》、赵毅衡的《争夺孔子》、李春青的《为于连一辩》等文章。

要的贡献虽然是对中国艺术意境论的阐发，但是他的学术生涯并不是由中国古典思想开始的，他最先接受的是西方现代文化的影响，尤以斯宾格勒和费舍尔的影响为著，他们"不仅帮助宗白华树立了从西方现代文化向中国古代文化'反流'的文化观念，而且为他探讨和阐释中国古代艺术的美学精神和审美特征提供了重要启迪"①。正是由于宗白华对西方思想的深切领悟，对西方精神特质的探究，当他再回返中国古典思想时，才能够独到、深刻地予以阐发。显然，20 世纪中国美学话语的开拓者和奠基者们所试图建构的现代中国美学话语体系，与传统中国美学的基本区别就在于中西美学的融合、互鉴。

当然，我们强调广泛充分地吸收西方美学研究中的优秀成果，实现中国美学与西方美学的融合及互鉴互证，其目的不是为了用中国传统的思想去印证西方的理论，"不是去证明西方有的东西中国也有，或者按照西方的模式来整理中国美学，而是为了深化对中西方美学的理解，尤其是对中国自身的美学传统的理解。如果我们能够将中国传统美学中的一些思想放到与西方美学的对话之中，就会有助于深化和丰富中国传统美学，有助于中国传统美学的当代化和国际化，有助于激发中国传统美学的生命力"②。因此，只有深入了解美学这一学科在西方得以建立起来的思想谱系以及它与中国思想之间的差异，从而在中国传统的学术(诸如诗话、词话及书画理论等)的基础上进行一种创造性的转换，而不仅仅是将西方的美学术语、范畴进行简单的置换，具有中国特色的美学话语体系也才能够真正建立起来。

①　肖鹰：《宗白华美学的"反流"之源》，《中国社会科学报》2012 年 2 月 1 日。
②　彭锋：《中国学者应该有自己的立足点——叶朗教授的美学研究》，《北京大学学报》(哲学社会科学版)1996 年第 6 期。

主要参考资料

一、中文类

（一）中文著作

蔡仪：《美学论著初编》上，上海文艺出版社 1982 年版。

曹意强：《艺术与历史：哈斯克尔的史学成就和西方艺术史的发展》，中国美术学院出版社 2001 年版。

陈望衡：《20 世纪中国美学本体论问题》，武汉大学出版社 2007 年版。

邓牛顿：《中国现代美学思想史》，上海文艺出版社 1988 年版。

邓正来等编：《国家与市民社会：一种社会理论的研究路径》，上海世纪出版集团 2006 年版。

范玉刚：《消费文化语境下的文艺学美学话语重构》，中国社会科学出版社 2012 年版。

丰子恺：《丰子恺文集》第 2 卷，浙江文艺出版社 1990 年版。

封孝伦：《二十世纪中国美学》，东北师范大学出版社 1997 年版。

高尔泰：《论美》，甘肃人民出版社 1982 年版。

高建平主编：《20 世纪中国美学史》（四卷本），江苏凤凰教育出版社 2022 年版。

高平叔编：《蔡元培全集》第 5 卷，中华书局 1988 年版。

韩林德：《境生象外——华夏审美与艺术特征考察》，生活·读书·新知三联书店 1995 年版。

金雅主编：《中国现代美学名家文丛：丰子恺卷》，浙江大学出版社 2009 年版。

蒯大申：《朱光潜后期美学思想论述》，上海社会科学院出版社 2001 年版。

劳承万：《朱光潜美学论纲》，安徽教育出版社 1998 年版。

李圣传：《人物、史案与思潮：比较视野中的 20 世纪中国美学》，浙江工商大学出版社 2023 年版。

李泽厚：《美学论集》，上海文艺出版社 1980 年版。

李泽厚：《李泽厚哲学美学文选》，湖南人民出版社 1985 年版。

李泽厚：《现代思想史论》，东方出版社 1987 年版。

李泽厚：《批判哲学的批判：康德述评》，生活·读书·新知三联书店 2007 年版。

李泽厚：《从美感两重性到情本体——李泽厚美学文录》，马群林编，山东文艺出版社 2019 年版。

李泽厚：《美学四讲》，长江文艺出版社 2019 年版。

李泽厚：《中国古代思想史论》，人民出版社 2021 年版。

李泽厚：《美学的对象和范围》，载《美学》第 3 期，上海文艺出版社 1980 年版。

林同华：《宗白华美学思想研究》，辽宁人民出版社 1987 年版。

刘小枫：《现代性社会理论绪论——现代性与现代中国》，上海三联书店 1998 年版。

刘小枫：《现代性与现代中国》，华东师范大学出版社 2018 年版。

吕荧：《美学书怀》，作家出版社 1959 年版。

聂振斌：《中国近代美学思想史》，中国社会科学出版社 1991 年版。

彭锋：《美学的意蕴》，中国人民大学出版社 2000 年版。

彭锋：《美学的感染力》，中国人民大学出版社 2004 年版。

彭锋：《西方美学与艺术》，北京大学出版社 2005 年版。

彭锋：《中国美学通史（第 8 卷）：现代卷》，江苏人民出版社 2014 年版。

祁志祥：《中国现当代美学史》，商务印书馆 2018 年版。

钱念孙：《朱光潜：出世的精神与入世的事业》，文津出版社 2005 年版。

汝信、王德胜主编：《美学的历史：20 世纪中国美学学术进程》，安徽教育出版社 2017 年版。

王国维：《静庵文集》，辽宁教育出版社 1997 年版。

王国维：《王国维文学论著三种》，商务印书馆 2000 年版。

王国维：《王国维集》第 2 册，中国社会科学出版社 2008 年版。

王柯平主编：《跨世纪的论辩实践美学的反思与展望》，安徽教育出版社 2006 年版。

王彩虹：《李泽厚实践美学超越"二元对立"思想之探析》，载《美学与艺术研究》（第 11 辑），武汉大学出版社 2023 年版。

文艺报编辑部主编：《美学问题讨论集》第 1 集，作家出版社 1957 年版。

文艺报编辑部主编：《美学问题讨论集》第 3 集，作家出版社 1959 年版。

闫国忠：《走出古典：中国当代美学论争述评》，安徽教育出版社 1996 年版。

闫国忠：《朱光潜美学思想及其理论体系》，安徽教育出版社 2015 年版。

杨春时：《中国现代美学思潮史》，百花洲文艺出版社 2019 年版。

叶嘉莹：《迦陵文集二·王国维及其文学批评》，石家庄：河北教育出版社 2000 年版。

叶朗：《中国美学史大纲》，上海人民出版社 1985 年版。

叶朗：《胸中之竹——走向现代之中国美学》，安徽教育出版社 1998 年版。

叶朗：《美学原理》，北京大学出版社 2009 年版。

叶朗：《更高的精神追求——中国文化与中国美学的传承》，中国文联出版社 2016 年版。

叶秀山：《美的哲学》，北京联合公司 2016 年版。

尤西林：《心体与时间：二十世纪中国美学与现代性》，人民出版社 2009 年版。

袁济喜：《承续与超越：20 世纪中国美学与传统》，首都师范大学出版社

2006 年版。

张法：《美学的中国话语：中国美学研究中的三大主题》，北京师范大学出版社 2008 年版。

张竟无主编：《佛门三子文集：丰子恺集》，东方出版社 2008 年版。

章启群：《新编西方美学史》，商务印书馆 2004 年版。

章启群：《百年中国美学史略》，北京大学出版社 2005 年版。

赵士林：《李泽厚美学》，北京大学出版社 2005 年版。

赵毅衡编选：《符号学文学论文集》，百花文艺出版社 2004 年版。

周锡山编校：《王国维文学美学论著集》，北岳文艺出版社 1987 年版。

朱光潜：《朱光潜美学文集》第 1 卷，上海文艺出版社 1982 年版。

朱光潜：《朱光潜全集》第 1 卷，安徽教育出版社 1987 年版。

朱光潜：《朱光潜全集》第 2 卷，安徽教育出版社 1987 年版。

朱光潜：《朱光潜全集》第 3 卷，安徽教育出版社 1987 年版。

朱光潜：《朱光潜全集》第 5 卷，安徽教育出版社 1989 年版。

朱光潜：《朱光潜全集》第 9 卷，安徽教育出版社 1993 年版。

朱光潜：《朱光潜全集》第 10 卷，安徽教育出版社 1993 年版。

宗白华：《美学散步》，上海人民出版社 1981 年版。

宗白华：《宗白华全集》第 1 卷，安徽教育出版社 1994 年版。

宗白华：《宗白华全集》第 2 卷，安徽教育出版社 1994 年版。

宗白华：《宗白华全集》第 3 卷，安徽教育出版社 1994 年版。

（二）中文译著

[美]彼得·基维编：《美学指南》，彭锋等译，南京大学出版社 2008 年版。

[法]弗朗索瓦·朱利安：《迂回与进入》，杜小真译，商务印书馆 2017 年版。

[法]米歇尔·福柯：《知识考古学》，谢强、马月译，生活·读书·新知三联书店 2003 年版。

[瑞士]海尔格·诺沃特尼等：《反思科学：不确定性时代的知识与公众》，

冷民等译，上海交通大学出版社 2011 年版。

[德]卡尔·施密特：《政治的概念》，刘宗坤等译，上海人民出版社 2004 年版。

[德]卡西尔：《人论》，甘阳译，上海译文出版社 1995 年版。

[德]康德：《判断力批判》，邓晓芒译，人民出版社 2002 年版。

[法]弗朗索瓦·利奥塔：《后现代状态——关于知识的报告》，车槿山译，南京大学出版社 2011 年版。

[英]迈克尔·吉本斯等：《知识生产的新模式：当代社会科学与研究的动力学》，陈洪捷、沈钦等译，北京大学出版社 2011 年版。

[加]斯蒂文·托托西：《文学研究的合法化》，马瑞琦译，北京大学出版社 1997 年版。

[英]特里·伊格尔顿：《美学意识形态》，王杰等译，中央编译出版社 2013 年版。

[德]沃尔夫冈·威尔施：《重构美学》，陆扬、张岩冰译，上海译文出版社 2002 年版。

[德]于尔根·哈贝马斯：《现代性的哲学话语》，曹卫东等译，译林出版社 2004 年版。

[美]朱丽·汤普森·克莱恩：《跨越边界——知识、学科、学科互涉》，姜智芹译，南京大学出版社 2005 年版。

（三）中文论文

蔡仪：《评"论食利者的美学"》，《人民日报》1956 年 12 月 1 日第 7 版。

蔡仪：《朱光潜先生旧观点的新说明》，《新建设》1960 年 4 月号。

程相占：《生态美学的中国话语》，《江苏行政学院学报》2016 年第 3 期。

冯黎明：《艺术自律与市民社会》，《文艺争鸣》2011 年第 11 期。

冯黎明：《文学研究的学科自主性与知识学依据问题》，《湖北大学学报》（哲学社会科学版）2012 年第 2 期。

冯黎明：《论文学研究的知识学属性》，《南京社会科学》2013 年第 2 期。

冯黎明：《艺术自律：一个现代性概念的理论旅行》，《文艺研究》2013 年第9 期。

冯黎明：《艺术自律与艺术终结》，《长江学术》2014 年第 2 期。

弗里德里克·杰姆逊：《处于跨国资本主义时代中的第三世界文学》，张京媛译，《当代电影》1989 年第 6 期。

高建平：《改革开放 30 年与中国美学的命运》，《北方论丛》2009 年第 3 期。

高建平：《从"东方美学"概念出发：当代中国美学的学科处境和任务》，《艺术百家》2015 年第 4 期。

高建平：《"美学在中国"与"中国美学"的区别》，《中国社会科学报》2021 年10 月 20 日。

哈贝马斯：《现代性：一项未完成的事业》下，行远译，《文艺研究》1994 年第 6 期。

何其芳：《毛泽东之歌》，《人民文学》1977 年 9 月号。

黄兴涛：《"美学"一词及西方美学在中国的最早传播》，《文史知识》2000 年第 1 期。

吉新宏：《多元调适：李泽厚美学的理论性格》，《宁夏社会科学》2004 年第3 期。

金雅：《中国美学须构建自己的话语体系》，《人民日报》2016 年 1 月 18 日。

李强：《后全能体制下现代国家的构建》，《战略与管理》2001 年第 6 期。

李圣传：《论朱光潜美学的经验主义立场和路向》，《文学评论》2021 年第 6期。

李泽厚：《论美感、美和艺术（研究提纲）——兼论朱光潜的唯心主义美学思想》，《哲学研究》1956 年第 5 期。

李泽厚：《审美意识与创作方法》，《学术研究》1963 年第 6 期。

李泽厚：《四个"热潮"之后？》，（香港）《二十一世纪》2000 年第 10 期。

刘伟：《话语重构与我国政治学研究的转型》，《复旦学报》（社会科学版）2018 年第 3 期。

鹿咏、张伟：《"实践美学"的文本架构——李泽厚艺术思想的西学归宗与本土融创》,《安徽农业大学学报》(社会科学版)2016 年第 1 期。

马敏:《商事裁判与商会——论晚清苏州商事纠纷的调处》,《历史研究》1996 年第 1 期。

毛泽东:《给陈毅同志谈诗的一封信》,《人民日报》1977 年 12 月 31 日。

毛泽东:《给陈毅同志谈诗的一封信》,《诗刊》1978 年 1 月号。

彭锋:《中国学者应该有自己的立足点——叶朗教授的美学研究》,《北京大学学报》(哲学社会科学版)1996 年第 6 期。

彭锋:《交叉学科视野下的艺术学理论》,《北京电影学院学报》2021 年第 1 期。

邱明正:《试论"共同美"》,《复旦学报》(社会科学版)1978 年第 1 期。

孙正聿:《反思:哲学的思维方式》,《社会科学战线》2001 年第 1 期。

汤一介:《"命题"的意义——浅说中国文学艺术理论的某些"命题"》,《文艺争鸣》2010 年第 2 期。

王笛:《晚清长江上游地区公共领域的发展》,《历史研究》1996 年第 1 期。

王先明:《晚清士绅基层社会地位的历史变动》,《历史研究》1996 年第 1 期。

王岳川:《中国九十年代话语转型的深层问题》,《文学评论》1999 年第 3 期。

肖鹰:《论美学的现代发生》,《中国社会科学》2001 年第 2 期。

肖鹰:《宗白华美学的"反流"之源》,《中国社会科学报》2012 年 2 月 1 日。

杨春时:《超越实践美学》,《学术交流》1993 年第 2 期。

杨春时:《超越实践美学 建立超越美学》,《社会科学战线》1994 年第 1 期。

叶朗、肖鹰:《现代美学体系的建构和当代文化发展》下,《中国社会科学报》2009 年 12 月 29 日。

曾繁仁:《构建中国美学话语体系》,《人民政协报》2020 年 1 月 6 日。

张晶:《命题在中国美学研究中的建构性价值》,《光明日报·国家社科基金专刊》2022 年 6 月 29 日。

张荣生:《记上个世纪五十年代的美学大讨论》,《中华读书报》2012 年 2 月 1 日。

张荣翼:《论文学知识的历史性》,《人文杂志》2008 年第 6 期。

张天曦、陈芳：《艺术：情感本体的物态化形式——李泽厚艺术思想述评》，《思想战线》2006 年第 2 期。

张祥龙：《张祥龙教授给叶朗教授谈〈美学原理〉的一封信》，《北京大学学报》（哲学社会科学版）2010 年第 2 期。

张政文：《感性的思想谱系与审美现代性的转换》，《中国社会科学》2014 年第 11 期。

张政文：《理论转场与转场的本土化、当下化——构建当代美学理论话语体系的基本路径》，《天津社会科学》2016 年第 4 期。

章辉：《重审实践美学》，《甘肃社会科学》2021 年第 6 期。

章启群：《重估宗白华——建构现代中国美学体系的一个范式》，《文学评论》2002 年第 4 期。

赵士林：《对"美学热"的重新审视》，《文艺争鸣》2005 年第 6 期。

朱光潜：《在中国社科院哲学社会科学学部委员会第三次扩大会议上发言》，《新建设》1961 年第 1 期。

朱英：《关于晚清市民社会研究的思考》，《历史研究》1996 年第 4 期。

朱志荣：《论中国美学话语体系的创新》，《探索与争鸣》2015 年第 12 期。

［美］费耶阿本德：《实在论与知识的历史性》，智河译，《国外社会科学》1990 年第 7 期。

《展开对资产阶级唯心主义思想的批判》，《人民日报》社论，1955 年 4 月 11 日。

二、外文类

（一）外文著作

Michael Gibbons, Camille Limoges, Helga Nowotny, et al. The New Production of Knowledge：The Dynamics of Science and Research in Contemporary Societies［M］. London：SAGE Publications Ltd. 1994.

(二) 外文论文

Gao jianping. Chinese Aesthetics in the Context of Globalization[J]. International Yearbook of Aesthetics: Aesthetics and/as Globalization, 2004(8): 59-75.

Bruno latour. From the world of science to the world of research? [J]. Science, 1998(280): 208-209.

后　记

　　按照惯例，一本书完成，要写个后记来对撰写缘起、写作过程、有待完善之处等予以交待。不能免俗，我也循此思路略作说明。

　　本书脱胎于我参与完成的由沈壮海教授主持的教育部哲学社会科学研究重大委托项目"中国特色哲学社会科学话语体系与国家文化软实力建设"，在研究过程中，我撰写了《构建中国特色美学话语体系》一文，并收录于项目的最终结项成果《学术话语体系建设的理与路：一项分科的研究》（人民出版社 2019 年版）之中。2019 年，武汉大学特别设立"中国特色哲学社会科学话语体系建设"重大专项课题，旨在立足各主干学科，组织相关学科青年学者，对分学科学术话语体系建设问题开展联合攻关，进行深入研究，推出标志性成果。我负责美学学科话语体系的建设问题（项目批准号：2019HY003），但囿于学术功力和学术阅历的不足，立项后进展缓慢。后来，经过向相关同行请教、参加校内外举办的多次研讨会后，决定还是先做一些基础性的文献梳理工作，看看美学进入中国这一百多年来，到底有没有建构起具有中国民族特色的美学话语体系。经过考察，我发现，一百多年来，美学家们建构了不同类型的话语体系，但从宏观上看，大致有三种代表性的类型，即认识论的美学话语体系、生存论的美学话语体系、实践论的美学话语体系。有了这样一种认识和判断之后，我就选取了朱光潜（认识论）、宗白华（生存论）、李泽厚（实践论）这三位代表性人物作为主要论述对象，揭示他们建构话语体系的复杂历程，并在微观层面，从术语的移植与改造、命题的形成与深化、表述论说的嬗变与转型等三个维度，探讨这三种话语体系的知识学构形问题。但我深知，中国现代美学话语体系的建构，涉及内容和问题众多，我的这种思考是过于空疏和宏阔的，相关问题的分析和阐释，也还有很多不足之处，有赖于方家的批评、教正。

小书能够出版，端赖多方帮助和推动，特致谢意！首先感谢沈壮海教授邀请我加入其研究团队，在工作和生活等诸多方面予以帮助和支持，并慷慨地将拙作纳入其所主编的《中国话语体系建设丛书》之中。其次，感谢武汉大学人文社会科学研究院的张发林副院长、陶军副院长，他们在项目运行中，及时关心，并推动项目成功入选由湖北省社科联组织实施的"湖北思想库课题"。此外，书稿中的部分内容曾发表于《文艺研究》《关键词》等期刊，感谢编辑老师的精心编辑。感谢武汉大学出版社聂勇军、黄金涛和蒋培卓等编辑老师的精心编辑，确保著作顺利出版。撰写本书的过程，也是与研究生教学相长的过程。其中，第五章《中国现代美学话语体系建构的知识学构型》，是我拟定了框架，并撰写了大致初稿，让博士生萧涵耀补充完整后我再修订，并由他对全书的注释、文献等作了进一步校对后提交给出版社的，也感谢他！

武汉大学文学院文艺学教研室是个特别团结、奋进的小集体，尽管每个人的研究方向不同，但大家互相支持、诗酒江湖，在这个团队中，我感受到了浓浓的善意和温暖，向教研室的各位前辈和同仁致敬！

最后，感谢我的家人，他们的鼓励和支持是我不断前行的动力！

作者

2024 年 11 月